그곳

언제 가도 나를 위로해주는

그곳

언제 가도 나를 위로해주는

글 · 사진 **김태영**

프롤로그 Prologue

로케이션 매니저는 길이 다르게 보입니다.
수많은 사람들이 일상처럼 스쳐가는 평범한 길이라도 어느 순간 영화가 되고 화보가 되는 때가 있습니다. 이 길을 찾기 위해 수백 킬로미터의 또 다른 길을 달려가기도 합니다. 때론 그곳이 생각만큼 멋지지 않을 수도 있고, 아무도 눈여겨보지 않을 수도 있습니다. 하지만 보물찾기는 계속 합니다. 어디엔가는 분명 보물이 숨겨져 있으니까요.

1997년 여름이었던 걸로 기억됩니다. 사진가 김석중 선생님의 워크숍에 참가할 기회가 있었습니다. 그중 '사물과 이야기하기' 시간이 되자 모두 스케치북과 펜을 들고 벌판으로 나갔죠. 저마다 자신과 이야기를 나눌 대상을 정하고 그 앞에 앉아 2시간 정도 '그들'과 이야기를 나누었습니다. 그렇게 나무와 벤치, 풀, 돌멩이 등과 시간을 보내고 무엇을 느꼈는지 스케치북에 써서 발표했습니다. 지나가던 사람들이 보면 정신 나간 사람처럼 보였을지도 모르겠습니다. 하지만 그때 이후로 로케이션 매니저가 된 지금까지 눈에 보이는 것들이 들려주는 이야기에 자연스럽게 귀를 기울이고 있습니다.

우리는 언제나 볼 수 있는 익숙한 공간보다 낯선 공간에 더욱 매력을 느낍니다. 저도 그래서 이곳저곳을 찾아 여행을 많이 떠났죠. 남들이 보지 못한 새로운 어떤 곳을 가보리라는 생각을 먼저 했던 것 같습니다. 낯선 공간에서 더 많은 것을 볼 수 있다고 생각했죠. 하지만 정작 저의 첫 로케이션 작업 장소는 제가 익숙한 강원도 어느 연못 주변이었습니다. 익숙한 곳이든 새로운 곳이든, 먼 곳이든 가까운 곳이든 중요한 것은 공간의 의미였습니다. 같은 공간에 있다고 해서 다 느낄 수 있는 것은 아니더군요. 나의 이야기와 그 공간이 가진 이야기가 만났을 때 감정은 배가 될 수 있었습니다.

이 책은 제가 그동안의 로케이션매니저 작업을 하는 과정 중 만났던 공간과 그때 마음속에 생겨난 감정들, 그리고 생각들을 모아놓은 것입니다. 수많은 공간과 주제가 있었지만 그중에서도 혼자 사색하기 좋은 '그곳'을 위주로 모았습니다. 유독 집에 쓸쓸히 들어가기 싫을 때, 가슴이 탁 막혀 밖에 나가고 싶을 때 혼자 가보면 좋을 곳의 풍경을 남겨보았습니다. 한 장 한 장 펼쳐보며 나만의 힐링 플레이스를 머리에 떠올려보는 것도 좋을 것 같네요. 멀리 가지 않아도 좋을, 집에 가다 잠시 들러도 좋을 곳은 주변 곳곳에 숨어 있습니다. 그 공간의 이야기와 나의 이야기가 딱 맞아 떨어지는 순간, 익숙한 그곳도 특별한 곳이 되는 거죠.

집에서 엉덩이 붙이고 있는 날을 손꼽을 만큼 밖에서 활동하느라 저도 놓치는 풍경이 있습니다. 집안 풍경이죠. 가능하면 가족들과 함께 시간 보내고 나를 위한 시간도 만들려고 노력합니다. 그래도 다행이고 감사

한 건 공간의 숨겨진 의미를 찾아내는 작업에 온가족이 같은 마음으로 아주 오랫동안 함께해주고 있다는 것입니다. 때론 함께 움직이고 각자 찾아보기도 하며 미션을 하나씩 수행하고 있습니다.

오늘이 아니면 그곳의 이야기를 들을 수 없습니다. 지금 어디론가 떠나고 싶다면 그곳을 찾아가세요. 가서 당신의 오늘 하루 이야기도 꺼내놓고 그곳의 이야기도 들어주세요. 말하지 못한 말들을 꺼내놓으면 생각하지 못했던 생각을 얻을 수 있을 겁니다.

Contents

조용히
나만을
생각하고 싶을 때

아무도 없는 :곳

하루 24시간 중 단 1%의 시간
14분 40초.

세상의 소리에서 벗어나
나만을 위해 생각하는 시간은 얼마나 될까.

누군가가 보기엔 별 볼 일 없어 보일지 모르지만,
혹자는 실패했다고 쉽게 말할지 모르지만,
언제 인생이 풀리냐며 동정 섞인 걱정을 던지지만,

나의 이 고요한 시기는 분명
잠재된 에너지를 모으는 시기다.

어렸을 땐 하늘에 손을 대고 싶어

오를 수 있는 가장 높은 곳에 오르려고 애썼다.

하지만 나이가 들고 보니

하늘을 가장 가까이 느낄 수 있는 곳은

어쩌면

낮지만 하늘과 맞닿은 바다 한가운데가 아닐까 싶다.

포구를 떠나 바다 위로 배가
흘러가자 좌우로 요동치기
시작한다. 함께 탔던 일행들의
얼굴이 서서히 창백해졌다.
여차하면 이 작은 배가
뒤집어질지도 모르겠다는
막연한 공포가 그리 세지 않은
파도에도 몸을 굳게 한다.

신기하게도 선장의 표정은
여유가 넘쳤다. 자기 집 마당에
낙엽을 쓸려고 나온 사람처럼
전혀 요동이 없다. 아무래도
오랜 경험으로 이 정도 파도와
바람에는 아무 일도 일어나지
않는다는 것을 잘 알고 있기
때문일 것이다.

지금 우리 앞의 파도도
넘고 넘으면 언젠가는
흔들흔들 복잡한 생각 중에
담담하게 내 생각을 지켜갈 수
있지 않을까.

"불가능한 건 알겠는데, 그래도 못 해내면 안 돼요."
"세상에 이런 거 없는 건 아는데, 그래도 꼭 찾아내야 합니다."
"시간 없는 건 잘 알지만, 그래도 못 해내면 알지?"

안다는 것과 이해하는 것은 다른 게 분명하다.

스스로에게 질문이 많아지는 때엔

거친 자연과 마주해 보길 바란다.

하늘에서 오는 힘인지
바다로부터 오는 힘인지 정확히는 알 수 없지만
거대한 힘
그 자연 앞에선 모두가 '제로'다.
당신도, 나도.
그래서 다시 시작할 용기를 얻게 된다.

갯깍.

바다를 뜻하는 '갯',

끝을 의미하는 '깍'이 모여 이곳의 지명이 되었다.

바다의 끝을 의미하는 이곳은

뿜어져 나온 용암 줄기가 바다까지 내려와

맞닿으며 절경을 만들어낸 곳이다.

한날한시에 태어난 듯 일정한 톤의 돌멩이들로

울퉁불퉁 채워진 해변 옆 절벽 동굴에는

사람 얼굴이 새겨진 것 같은 기묘한 벽이 있다.

화산 폭발로 사라져버린 도시 폼페이를 떠올리게 하는

회색 표정의 사람 얼굴들이 곳곳에 박혔다.

동자석은
무덤 앞과 좌우편에 마주 보거나 나란히 세워져 있는 석상으로,
죽은 자의 영혼을 위로하고 그 터를 지키는 지신이다.
죽은 자의 시중을 들기 위해 생전 좋아했던 술, 떡과 같은 음식이나
꽃, 창과 같은 상징물을 들고 봉분 가장 가까운 곳에 서 있다.
술을 술잔에 따르는 모습이거나
무릎 꿇고 앉아서 공부하는 모습이거나
해탈의 경지에 이른 듯 미소를 짓고 있는 모습도 있다.
내가 남길 나의 모습은 어떤 모습일까.
내 마지막 길에 함께 놓였으면 하는 가장 좋아하는 것은 무엇일까.

20t

지구 땅 끝에 가면 공룡을 볼 수 있을 줄 알았다.
소꿉놀이처럼 하고 싶은 건 모든 할 수 있을 줄 알았다.
슈퍼맨처럼 번쩍 아빠를 들어 올릴 수 있을 줄 알았다.

안타깝지만
인생은 유한함을 느껴가는 과정인 것 같다.

만약에

인간의 몸이 갑각류처럼 껍질이 딱딱하다면

우린 어떤 느낌으로 사랑을 나누고 어루만질까?

몸과 마음을 다지고 다져서 강하게 보이고 싶어 하지만
표면이 강한 것은
뚫리는 순간 많은 것이 무너진다.

안개 속을 항해한다고 해도
두려워 말자.
잠시 보이지 않는다고 해서
존재하지 않는 게 아니란 걸
믿어야 한다.
두려움도 보이지 않는 안개와 같다.
그냥… 안개일 뿐이다.

내가 나의 꿈을 좇고 있는 동안에

누군가는 나의 모습을

꿈으로 꾸고 있다는 것을,

난 그 사람만을 가슴에 담고 있는데
그 사람은 다른 사람을 품을 수 있다는 것을,

얽히고 엉킨 길을 돌고 돌아
저마다의 길을 간다는 것을
기억하자.

더 달려야 할까,

아니면 여기서 멈춰야 할까.

돌아가기엔 너무 멀리 왔고, 더 달려가기엔 확신이 없는데…

무슨 일이 일어날지 모르지만,

지금까지 달려온 길은 확실히 안다.

아무 일도 일어나지 않았고,

아무도 만나지 못했다.

어떤 것도 특별하다 할 것이 없던 그곳을 다시 돌아갈 텐가.

협상할 때 가장 좋은 방법은
상대에게 더 많이 주는 것이다.
그러면 당신이 필요한 것을 얻을 수 있다.

단, 당신이 필요한 것을
상대가 알게 해서는 안 된다.
그걸 알게 된 상대는 자기에게
필요 없는 것도 주지 않을 것이다.

우리 가족이 모두 좋아하는 바다,

신두리 해안.

이곳은 간조 때 바닷물이 엄청 멀리 빠진다.
그때엔 운동장 열 개를 붙여놓은 듯 넓은 모래사장이 펼쳐진다.
자동차로 달리고 달려도 끝없는
광활한 모래사장에서는 뭘 해도 가슴이 뻥 뚫린다.

우리 가족은 아이들과 연날리기를 한다.
걸리는 것 하나 없고 바닷바람도 적절해서
연은 하늘 높이 솟아오른다.
연이 하늘을 자유롭게 비행하면 얼레를 모래사장에 박아 놓고
푹신한 튜브에 누워 하늘을 바라본다.
살랑살랑 하늘을 유영하는 연을 보다 보면
고민도 아득히 떠내려가고 시간이 평화롭게 흐른다.

세상엔 정말 신기한 것이 많다.
경이롭고 새로운 것들이 항상 우리를 들뜨게 만든다.
어떤 사람들은 뭐가 그렇게 신기하냐고 한다.
원래 그런 거라며…

원래 그런 것은 없다.
아주 오래전부터 조금씩 조금씩 커지기도 작아지기도 하며
지금의 모습이 된 것이다.
징그러운 벌레가 아름다운 나비로 변하는 것만 봐도
말도 안 되게 경이로운 일들이
우리 주변에서 벌어지고 있다.

갈은 곳이라도
그날의 기분, 그날의 상황, 그날의 빛에 따라
모두 같을 수 없다.
어떤 날 어느 곳에서 어떤 감정을 느꼈는지
다 다르기에 놓칠 수 없다.
기쁘면 기쁜 대로 슬프면 슬픈 대로
나름의 감성들이 비춰진 그곳을
기록해두고 싶다.

어느 한적한 바닷가에서 행복의 돌을 찾는 사람이 있었다.
전해 내려오는 전설에 따르면 그 해변엔
단 하나의 행복의 돌이 있다고 한다.
그 돌은 다른 돌과 생김새는 똑같지만 따뜻하다고 한다.

몇 년 동안 행복의 돌을 찾으며
수만 개의 차가운 돌들을 바다로 던졌다.
어느 날 드디어 따뜻한 '행복의 돌'을 찾았지만,
그는 습관처럼
바다로 던져 버리고 말았다.
단 하나의 행복의 돌을…

지구는 1초에 465m 속도로 자전한다.

당신은 지금 스스로 움직이고 있습니까?

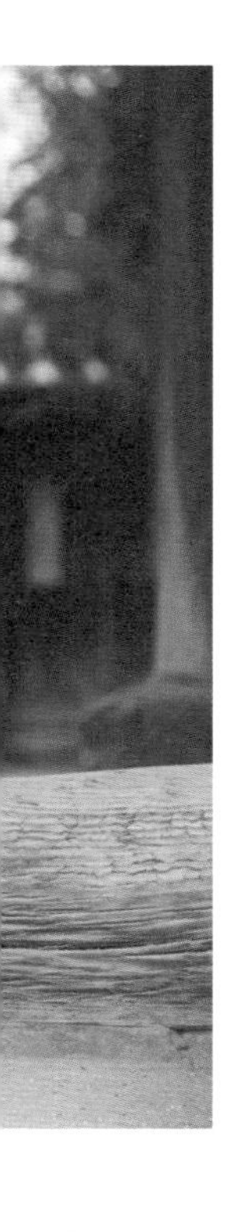

우리는 오래된 것을 봤을 때와
새것을 봤을 때의 반응이 다르다.
새로 나온 멋진 물건을 봤을 땐
입을 크게 벌리며 크게 감탄한다.
"우와~!"
오래된 가치 있는 것을 보면 어린아이 상처에 입김을 불 듯
부드럽고 긴 낮은 탄성을 날숨과 함께 빼어낸다.
"오~호~"
그리고 여전히 말을 아끼게 된다.

켜켜이 쌓인 시간의 무게는
감히 쉽게 판단해 말할 수 없기 때문이다.

묵묵히 일하는 꿀벌의 하루는 고되지만

그 집에는 꿀이 가득히 넘쳐나길.

모든 것을

멈추고

도피하고 싶을 때

휴식이 되는 :곳

봄 내음이 제법 나는 4월 즈음
안성 팜랜드에 가면 정말 예쁜 봄을 만날 수 있다.
아직 봄 새싹이 채 나오기 전인데도,
벌판엔 목초들이 고개를 들고
이곳이 '초지'가 될 것임을 알려준다.

살랑살랑 부는 바람에 마음도 길을 잃고 헤맨다면
넓은 초지 사이로 난 구불구불한 길을
걷고 또 걸어보는 것도 좋다.

태양빛이 너무 찬란해지면
도리어 모든 것이 검게 변하는 순간이 있다.

내 생애 가장 반짝반짝 빛나는 순간에
미처 보지 못하는 모습이 있는 건 아닐까.

머뭇거리면 안 된다.
시간 안에 이루어내지 못하면 큰일 난다.
두 걸음 세 걸음을 미리 생각해
지체 없이 움직여야 잘한다고 박수 받는다.

이 세상에 숨 쉬는 어느 것도 단숨에 만들어진 것은 없다.
빠른 것이 바른 것은 아니다.

외롭고 지치고 힘들 땐

땅을 보지 말고 하늘을 봐야 한다.

銀
行

멀리서 바라보는 것을 좋아한다.
멀리 보면 살랑 부는 바람도 눈에 더 잘 보이고,
열심히 길을 가는 사람도 천천히 가는 것처럼 보인다.
선교장에 가면 꼭 가옥을 감싸고 있는 소나무숲에 올라간다.
수백 년은 됨 직한 커다란 소나무가 세월을 관조하듯
선교장을 굽어보고 있다.
소나무의 시선으로 고풍스러운 한옥을 보고 있자면
시간의 흐름마저 더뎌지는 것 같다.

'계획'이란 말이 무색할 정도로 되는 게 없고,

'열심히'란 말이 창피할 정도로 보여줄 게 없고,

'최선'이란 말이 부끄러울 정도로 성과가 없는

그럴 때가 그러지 않을 때보다 더 많다.

새것도 언젠가는 '헌것'이 된다.

사람들은 뭔가 오래되면 헌것 또는 후진 것이라고 생각한다.
본연의 모습 그대로의 오래된 것들이 억울하게 저평가된다.
조금 오래됐다 싶으면 바꾸고 조금 바랜 듯하면 헐어낼 생각부터 한다.
결국 서울에는 남아 있는 달동네가 없고,
아파트들도 화려한 새옷을 입기 바쁘다.
영상적인 측면에서는 다양한 시대의 건축물들과 이미지를 필요로
하지만, 전국 어디에서나 공통적으로 적용되는 전봇대와
엄청난 간판들은 '평이한 일률성'이란 한계를 여실히 드러낸다.
그림 될 만한 곳 찾기가 그만큼 어렵다는 얘기다.

빠른 것을 기록하는 것은 쉬워졌지만
느린 것을 기록하는 것은 여전히 어렵다.

그들이 사는 곳은 말 그대로 '닭장'이다.
매우 좁은 공간에서 큰 몸통보다 작은 머리를 부지런히 움직여댄다.
식사 시간이 되면 치열한 몸싸움을 하며 옆자리에서 껴서 먹고,
친구를 밀어 내고 먹고 또 먹으며 버틴다.

매일 오전 9시, 야생 방사 시간이 되고
하우스의 문이 열린다.
문이 열리자마자 하루 종일 갇혀 있던
그들은 미친 듯이 달려 나갔다.
일단 살고 봐야 하니까 달린다.
먹기 위해 달리는 것이 아니라,
살기 위해 달린다고 봐야 할 것 같다.
아마 내가 3,264번 닭이고,
당신이 6,115번 닭이라고 해도
똑같을 것이다.
힘 있는 녀석들은 날갯짓으로
수많은 닭을 짓밟고,
그렇게 먼저 도달해
양질의 모이를 먹어
덩치가 커지며, 힘이 세진다.

그러던 어느 날…
큰 트럭이 오더니 모두 데려 갔다.

여름이 가고 있었지만 여전히 뜨거운 태양 아래서 자동차 촬영을 하고 있었다.
정선 가수리 근처는 굽이굽이 휘어지는 동강과 산세가
동양화의 한 폭과 같아 내가 가본 곳 중 다섯 손가락 안에 들 만큼
아름다운 풍경을 간직한 곳이다.
워낙 외진 곳이라 차량 통행이 잦지도 않다.
촬영이 시작되면서 안전을 위해 도로 양쪽 끝을 잠깐 통제해야 했다.
촬영구간은 차량으로 이동하면 3분 남짓한 거리.
승용차 한 대가 다가왔다. 미소를 머금고 자초지종을 이야기했다.
"선생님 죄송합니다만 저희가 자동차 촬영 중입니다. 저기 보이는 차가
요 앞까지 오면 금방 끝나니깐 안전을 위해 잠시만 기다려 주세요."
"여기서 이렇게 차 막고 해도 되는 거예요?"
어느 강남의 주택가 출근길에서 촬영 때문에 도로를 잠깐 통제했을 때 들었던
얘기와 같은 느낌이다.
"선생님, 강제로 막는 건 아니고요. 30초 정도만 기다려 달라고 부탁드리는
겁니다. 너무 바쁘시면 가셔도 됩니다."
이 말이 끝나자마자 촬영 차량이 막 종료 지점으로 돌아왔고,
다시 통행이 재개됐다. 운전자는 여전히 화가 잔뜩 난 표정으로 급히 출발했다.
차 안의 가족들 모두 표정이 굳어 있었다.
떠나는 차의 뒷모습이 너무 안돼 보였다.
이렇게 좋은 곳에 잠시 차를 세울 만큼의 여유조차 없는지.
몸은 산과 들과 강을 찾아다니면서,
마음은 따라가지 못하는 '유체이탈 여행'을 하고 있지는 않은지
안타까운 마음이 든다.

여기서 얼마나 더 높아지고, 더 빨라지며, 더 거대해질까?
화려하게 우뚝 솟은 도시의 건축물을 보면
문득 압도되는 기분이 들 때가 있다.
외적인 것들이 커질수록 우린 상대적으로 더 작게 느껴진다.
화려한 도시 속에 초라하게 놓인 내 모습이 싫어서
우린 더 비싸고 더 특별한 것들을 병적으로 원하게 된다.

인간의 크기를 개미와 같은 비율로 줄인다면,
이 거대한 빌딩도 사바나 초원의 흰개미집 같을 것이다.
크기나 개념은 상대적일 뿐 절대적이지 않다.

세상일이 그렇게 단순하지만은 않다는 건 당신도 나도 잘 안다.
알 만큼은 다 알 나이니까.
그래도 가끔은 생각하는 것 자체가 힘이 들 때가 있다.
잘 때마저 미간을 찌푸릴 만큼 신경 쓸 일이 넘치고,
눈알이 빨개지도록 밤새 모니터를 들여다봐야 하고,
등 뒤에 식은땀이 나도록 다음 계획을 쥐어짜내야 하고,
모두를 다 만족시키지 못해 욕도 충분히 먹어야 하고,
헤어진 사람의 메시지를 2년째 쳐다보며
의미 없는 의미를 찾아내려 하고…

그냥 아무 생각 없이 나무도 만지고,
하늘도 보고, 바람 냄새도 맡으며
즐겁게 살 수는 없는 건지.
그냥 막 다짐해 본다.
"생각나는 거 생각하지 않기."

이기기 위해서가 아니라

지지 않기 위해 버텨야 할 때가 있다.

NETHERLAND 8,571.04km

AMSTERDAM

ITALY 8,982.44km

ROME

문제는 가고자 하는 '의지'다

모두에게 길은 열려 있다.

나에게도, 당신에게도…

물에 잠겼다.
몇 해 전 여름이었다.
엄청난 비가 내리더니
한강의 수위가 높아지면서
잠수교를 삼켜버렸고
뚝방의 낮은 곳까지 차례로
집어삼켰다.
폭우가 서서히 잠잠해지고
어둠이 밀려오기 전,
지금까지 볼 수 없었던
생경한 풍경이 눈에 들어왔다.
아름다웠다.
차를 잠시 세우고
경사로로 내려갔다.
모든 길을 삼켜버린 강물과
재난영화에 등장할 것 같은
엄청난 붉은 기운이 맴돌았다.
지구 상 모든 것이 초토화되고
새로운 생명이 태동하는 듯한
순간을 만났다.

길은 있지만 항상 평탄치만은 않다.

방향은 아는데 정확하지는 않다.

어딘가 있는 건 알겠는데 확실하지가 않다.

1등보다 2등으로 달리는 것도 괜찮은 것 같다.
앞서 가는 게 꼭 선두를 의미하는 것이 아닐지도 모른다.
홀로 앞선 자의 외로움은 공포를 동반한다.
앞서 가는 사람은 먼저 위험을 알려주기도 하고,
차로 뛰어드는 너구리도 먼저 만나고, 경찰도 먼저 만난다.
다만 1등과 너무 떨어져서는 안 된다.
딱 브레이크를 잡을 수 있는 정도의 거리는 유지해야 한다.

여행을 떠나고 싶지만 선뜻 계획은 주저하는 청년이 있었다.
어떤 여행이 자신을 가득 채워줄 수 있을지 물어왔다.
돈 걱정 없이, 눈치 보지 않고, 함께하지 않아도 외롭지 않은
혼자만의 나다운 여행을 하고 싶다고 한다.

오히려 반대로 생각해볼 것을 권해본다.
"채우기 위해 떠나지 말고,
비우기 위해 떠나보는 건 어떨까."

바뀌었으면 하고 바라는 것이 있는 반면,
바뀌지 않았으면 하고 바라는 것도 있다.

100m 달리기 선수는
달리는 순간 오직 달리는 것에만 집중해야 한다.
분석하고 이것저것 따질 시간이 없다.

일상에서도 문득문득 그런 기분이 들 때가 있다.
장거리 레이스인 줄로만 알았던 삶이
순간을 달려가기에 바쁜 단거리 레이스의 연속이었음을.
정신이 육체를 지배하는 것이 아닌
육체가 정신을 지배하는 순간이 있다.

선과 악을 구별하는 가장 간단한 방법이 있다.

궁궐 문 앞에서 만날 수 있는 사자처럼 생긴 해태.
해태의 머리에는 뿔이 나 있다.
평소 성품은 온순하나 두 사람이 싸우면
그중 나쁜 사람을 뿔로 받는다고 한다.

이 해태가 무서워 보이면 당신은 나쁜 사람,
귀여워 보인다면 당신은 좋은 사람.

사랑만으로

행복하기도

아프기도 할 때

당신이 생각나는 :곳

꽃이 지고 꽃잎들이 떨어졌을 때

우린 비로소 꽃잎 하나를 자세히 볼 수 있다.

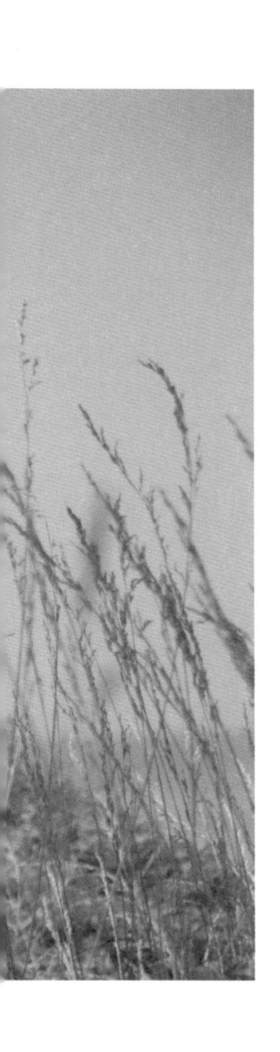

수많은 사람들이 한꺼번에 움직이는 순간에도
나의 눈길을 끄는
단 한 사람의 눈빛,
단 하나의 미소,
단 하나의 향기,
까르르 넘어 가는 그 웃음소리를
정확하게 알아볼 수 있는 능력을 주신
신에게 감사할 따름이다.

마음을 들켜버리는 것처럼 창피한 일도 없다.

특히 나를 어떻게 생각하는지 알지도 못하는 사람에게.

그러나

그러나

미치도록 사랑하고 싶다면,
가슴부터 뛰게 두어라.

당신은 마음을 들켜야 한다.
가슴이 터져 사망하기 전에,
사랑이 모두 메말라 버리기 전에.

벅찬 감정이 구름처럼
일어나는 날이 있다.
행복이 폭포처럼
쏟아져 내리는 아침이 있다.

당신을 만나는 날 아침.

빛이 예쁠 때 고백하고 싶다.
석양빛에 모든 것이
따뜻하게 물들 듯
벅찬 가슴에서 건넨 고백은
금세 그녀를 물들이겠지.

그냥 거기 있었던 작은 꽃.
그냥 거길 지나던 나.
그냥 밝아오던 아침 햇살.
그냥 불던 산들바람.

과연 '그냥'이란 게 있을까?
다 이유가 있겠지만 '그냥'이라며 핑계를 대본다.

오늘은 아침부터 '그냥'
그 사람이 보고 싶다.

꽃을 꽃으로 보듯이
나를 나로 봐줬으면 좋겠고
당신을 온전히 당신으로 봤으면 좋겠다.

대관람차에서
모든 연인들의 심장박동이 가장 빨라질 때는

가장 높은 최고점에 오르기 전 10m 전과
출발점으로 돌아오는 최저점의 10m 전이다.

14
13
12

뜨거워진 가슴으로
절절하게
그리하겠노라고
말한다.

호기롭게 내뱉은
침 몇 방울에
맹세는 없다.

맹세의 무게는
훨씬 무겁다.

그때
난 당신과 함께여서 좋다 했고,
당신은 우리가 함께해서 좋다 했다.

아름다운 길을 거닐고
사랑하는 사람과 거닐고
여유로운 음악을 들으며 거닐고
행복한 이야기와 함께 거닐고
신나는 친구와 거닐고
아직 걸음이 서툰 내 아이들과 거닐고
이젠 걸음이 힘든 내 어머니와 거닐고
붉은 석양을 마주하며 거닐고
그 사람의 손을 잡고 거닐고
가벼운 그녀를 업고 거닐고
사랑하는 아내와 다시 거닐고
그리고…

혼자 거닐어야 할 때가 오더라도 절대 슬퍼하지 말자.
이 바다엔 하루 두 번 썰물이 나고 하루 두 번 밀물이 든다.
우리의 행복도, 슬픔도 밀물이 있고 썰물이 있는 거니까.

서른, 30년.
내 나이인 걸 알았을 때만 해도 난 그렇게 슬프지 않았다.
남들도 다 서른을 만났고, 만날 것이고
그렇게 사랑니 앓듯 통증 하나씩은 가지고 있으니까.

하지만 시간이 이렇게나 많이 지났는데도
당신과 같은 무리에 속하지 못 한다는 건 슬펐다.
아무리 많은 사람들과 함께 있어도 외롭다.
외롭다는 것은 정신적 '느낌'이 아니라
육체적 '통증'이라는 걸 알 것 같다.

ADELES
ADELES

둘만 있어도 세상이 가득 차던 때가 있었다.
그때만 해도 '외로움'이란 단어가 이렇게 자주 쓰일 줄 상상도 못 했다.
몸이 늙어 찾아오는 이 없는 그때 꺼내게 될 단어가 외로움일 거라 생각했다.
하지만 세상은 수학과 과학으로만 돌아가는 게 아니듯 말로 설명할 수 없는
일들이 벌어지고, 원인은 없었지만 결과만 남는다.

말 그대로 '어쩌다 그만' 우리는 헤어졌다.
당신은 나에게, 그리고 난 당신에게 특별히 잘못했던 적도 없었다.
우린 그럭저럭 잘 지냈고, 매 순간 뜨거운 사랑은 아니었지만,
그렇다고 차가웠던 적도 없었다.
내가 먼저였는지, 당신이 먼저였는지. 아니면
비슷한 시기에 우리 둘 모두였는지.
그 미지근함에 대한 싫증이 원인이었는지 모르겠다.

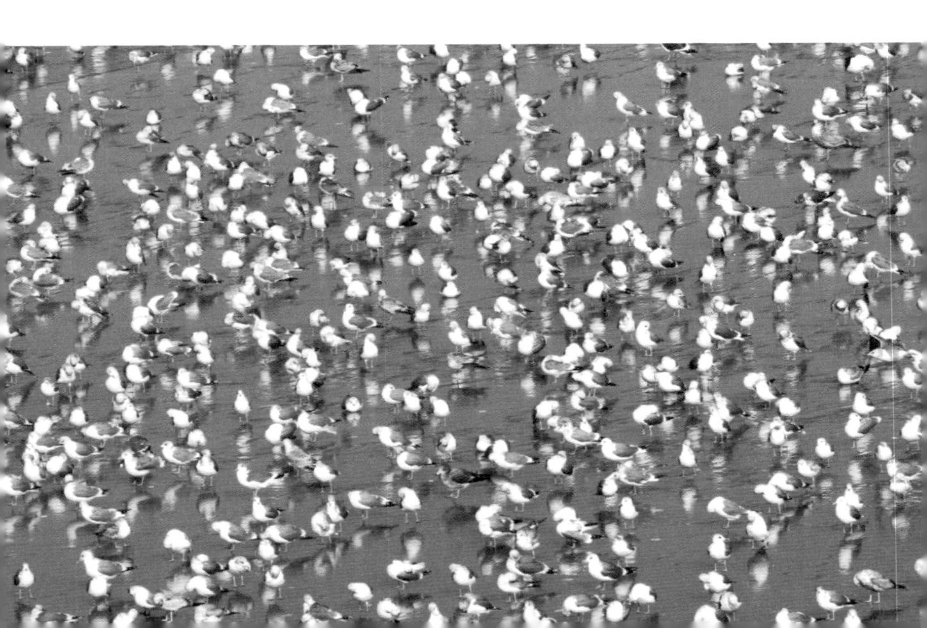

언제부턴가 둘만의 오붓함보다는 여럿의 왁자지껄함을 찾아 다녔지만
둘 사이 빈 공간을 채워줄 수 없었다. 둘이 있어도 외롭고, 여럿이 있어도
외로웠다. 알 수 없는 미로에 갇힌 것 같아 여러 날을, 여러 달을 고민해
결국 각자 '다른 무리의 다른 짝'을 찾아 가기로 했다.
아주 합리적인 결론에 이르렀다고 우린 생각했다.
지금 와서 솔직한 얘기를 하자면 우린 진즉 합리적인 결론을 알고 있었다.
그럼에도 주저한 건 말을 꺼내면 헤어짐을 먼저 원하는 것 같아 보일까 봐,
사랑을 먼저 저버리는 사람이 될까 봐 누구도 먼저 말하지 못했다.
결국 우린 금기어 "헤어지자"를 비밀 투표하듯 조용히 꺼내놓았다.
그렇게 우린 처음 서로에 대해 알려고 노력했던 것처럼, 서로를 잊기 위해
노력하고 있다. 아이러니하게도 영어 사전 한 권을 다 씹어 먹어도
기억하지 못하는가 하면, 잊으려고 소주에 몸을 푹 절이는 작업을 해도
잊히지 않는 것이 존재한다니 놀라울 뿐이다.

처음엔 편해서 좋았고,
'그땐' 편해서 싫었다.
지금은
그 만성통증이 그립다.

〈증상〉

아무리 선명하게 보려고 해도
모든 것이 흐릿해지고,
더 이상 아무 소리도 들리지 않고,
잘 아는 길을 걷는데도 낯설게 느껴지고,
숨이 턱턱 막히고,
주저앉고 싶을 만큼 가슴이 답답하고…

〈진단〉

당신도 몰랐던

사.랑.입니다.

딱히 심각한 건 아니지만 왠지 마음이
울적하고 외로운 날이 있다.
평소 잘 다니던 길도 왠지 외롭고, 아무렇지
않게 둘러보던 곳도 유독 의미가 생기는 날.

아무도 나를 건드리지 않았으면 좋겠다 싶어
휴대전화를 꺼 놓으면서도
내 마음을 누가 알아줬으면 좋겠다 싶어
다시 휴대전화를 만지작거리는 날.

머리 위를 뱅뱅 편대비행을 하며
옆자리를 지켜주는
열 마리의 갈매기에게도 감정을 이입하며
고마운 감정이 생기는 날.

가끔, 아주 가끔.

1년에 한 번이나 두 번 정도

외롭다고 느낄 때가 있다.

그런 날은 빨리 집으로 들어와 잔다.
누굴 만나 소주를 퍼마시며
궁상떨어봤자 더 깊은 수렁에 빠질 뿐이다.

그냥 오늘은 버리고,
내일 아침 싹 잊고
다시 시작하는 게 상책이다.

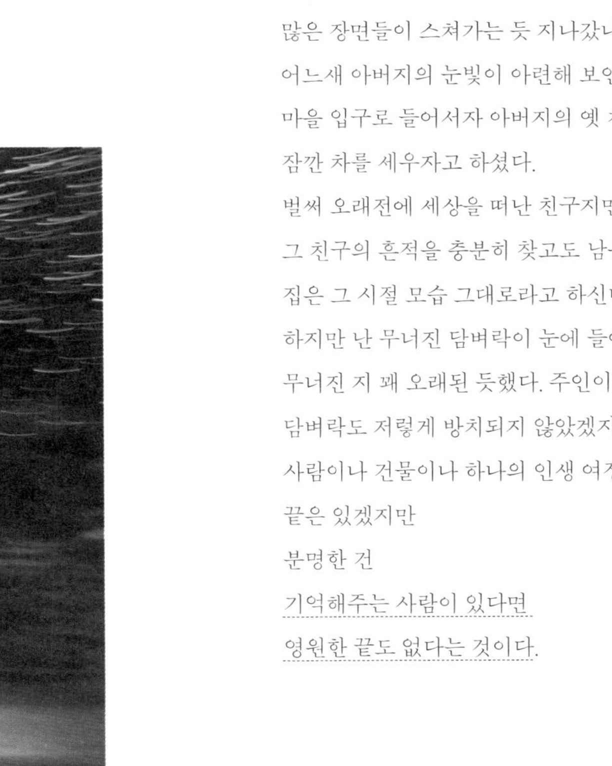

아버지가 태어나서 12살까지 자란 마을을
아버지와 함께 가는 길이었다.
차창엔 제법 굵은 비가 맺히기 시작했다.
달리는 차의 속력만큼 아버지의 머릿속에도
많은 장면들이 스쳐가는 듯 지나갔나 보다.
어느새 아버지의 눈빛이 아련해 보인다.
마을 입구로 들어서자 아버지의 옛 친구 집이라며
잠깐 차를 세우자고 하셨다.
벌써 오래전에 세상을 떠난 친구지만
그 친구의 흔적을 충분히 찾고도 남을 만큼
집은 그 시절 모습 그대로라고 하신다.
하지만 난 무너진 담벼락이 눈에 들어왔다.
무너진 지 꽤 오래된 듯했다. 주인이 살아 있었다면
담벼락도 저렇게 방치되지 않았겠지.
사람이나 건물이나 하나의 인생 여정이 있는 것 같다.
끝은 있겠지만
분명한 건
기억해주는 사람이 있다면
영원한 끝도 없다는 것이다.

그냥 보면 딱~

한눈에 미소가 새어나오는

장면들이 있다.

저마다 그것에 대한

아련한 추억이 있기 때문이다.

freeplus
恒

4개의 다리

3개의 목발

2개의 인생

2개의 보따리

그리고 하나의 이야기.

가끔 선물을 살 때가 있다.
사실 아무에게도 줄 일이 없고,
특별한 이벤트가 있지도 않지만
그래도 정성들여 신중하게 골라 선물을 산다.
언젠가, 누군가를 위해…

시간이 지나고 나면
그 선물을 쓰고 있는 나를 발견한다.
그냥 내가 갖고 싶었던 것이다.
결국 내 선물이었던 것이다.

굽은 나무가 선산을 지킨다고 한다.
부족하지만 우직하게 그 자리를 지키는 사람이 있다.

그 사람이 내 사람이었으면 좋겠고,
그게 내 사랑이었으면 좋겠다.

춤추는 사람들은 모두 설레어 보였다.
처음 만난 것처럼 어색하던 그들도
이내 입가에 미소를 짓는데,
아직도 약간의 어색함이
서툰 움직임으로 드러난다.

작은 설렘, 두근 거림에
더 이상 일상이 아니다.

나에겐 일이 술술 풀리는 조건이 있다.
중요한 첫 단추는 '장소'다.
스토리가 떠오르고 마음이 풍부해지는 장소에선
일이 잘 풀린다.
그리고 그곳에서
함께 작품을 만들어가는 좋은 사람이 있다는 건
행운이자 행복이다.

갈팡질팡
생각이
복잡할 때

낯선 듯 익숙한 :곳

무덥고 힘들었던 꼬박 3일간의 강원도 촬영이 끝났다.
끝나자마자 홀리듯 강물 앞에 섰다.
촬영 기간 내내 모든 스태프들의 눈길을 뺏었던
천연 물놀이장이다. 고급 호텔의 수영장, 해외 휴양지의
프라이빗 비치보다도 더 부러워 보였다. 아이들의 신나는
물장구마다 반짝이며 부서지는 물보라가 더 자극적이었다.
주저할 것 없이 물로 뛰어들었다. 마치 익사한 시체처럼
몇 분을 물에 둥둥 떠 있다가 나왔다. 온몸을 끈끈하게
감싸던 땀줄기들을 개운하게 앗아간 강물 덕분에 세상이
달리 보인다. 조금 전만 해도 짜증 가득 지옥 같던 열기에
휩싸인 세상이었다.

사건이 될 수도, 어떤 순간이 될 수도, 사람이 될 수도 있다.
등산을 하다 먹으면 청량감을 주는 오이 한 입처럼
우리에겐 분명 전환점이 필요하다.

여행은 사람을 겸손하게 만들고,

여행은 친구를 적으로, 낯선 이를 친구로 만들기도 하고

여행은 이성에게 항상 후한 점수를 주고

여행은 가운뎃 손가락보다 엄지손가락을 내밀게 하고

여행은 침묵보다는 수다를 낳게 하고
여행은 우울함보다는 기쁨을 만들고
여행은 어색함보다는 설렘을 만들어 낸다.

물은 기묘한 힘을 가지고 있다.
청계천 다리 밑에 앉아 하루 종일 찰찰찰 흘러가는 물만 보고 있어도
지겹지가 않다. 참방참방 물놀이에 신나기도 한다.
그러다가 시간 가는 줄 모르고 가만히 물결을 보고 있노라면,
딱히 뭐랄 것도 없는데 조금씩 슬픈 느낌이 속에서 올라온다.
모닥불을 피우며 불장난을 하다 타들어가는 불꽃을 보면
불로 들어가고 싶다는 생각이 안 들지만
물을 보고 있으면 몽롱하니 빨려 들어갈 것 같은 기분이 든다.

지금 할까 말까 하는 고민들은 어차피
해도 걱정
안 해도 걱정인 것들이다.

시간이 흐른다고 그것이
'미래'라고
볼 수는 없다.

지금의 결정들이
하나둘 굳어 이어진
돌다리를 무사히 건널 수 있다면
그것이 좋은 미래다.

절규할 만큼 절실한가?

집중할 만큼 가치가 있는가?

그런 사람이 있다.

딱 첫마디에
"이건 돈 문제가 아니고~"
라는 말로 시작하는 사람들.

그들 문제의 대부분은
'돈이 문제'였다.

SWAN

선택의 기로에 서면 신기하게도
다른 사람들의 생각이 궁금해진다.

남들은 어떻게들 달리고 언제 쉬는지,
어떤 길을 선택하는지 항상 궁금하다.

이른 새벽 아직 산은 잠에 취해 있다.

가장 원시적인 신비로움을 가장 많이 느낄 수 있는

새벽 6시를 조금 넘어선 시간.

빛이 산을 깨우기 시작한다.

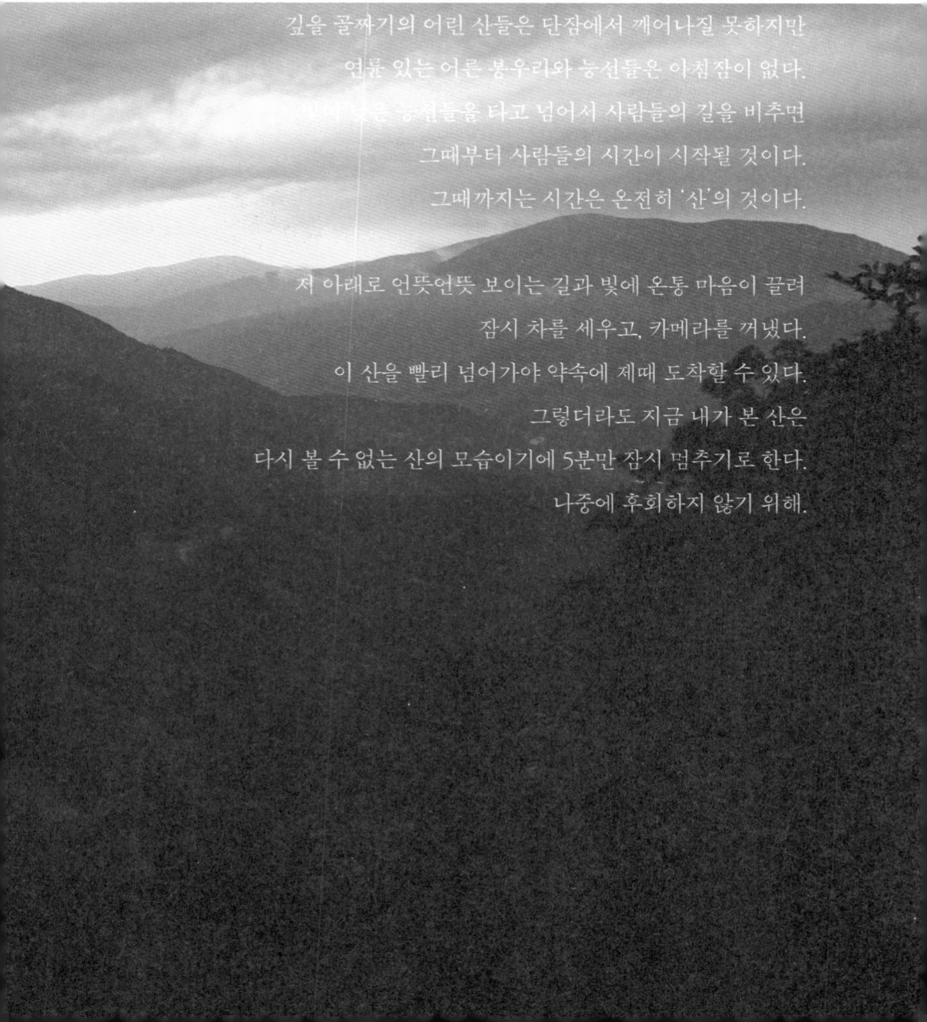

깊을 골짜기의 어린 산들은 단잠에서 깨어나질 못하지만

연륜 있는 어른 봉우리와 능선들은 아침잠이 없다.

빛이 낮은 능선들을 타고 넘어서 사람들의 길을 비추면

그때부터 사람들의 시간이 시작될 것이다.

그때까지는 시간은 온전히 '산'의 것이다.

저 아래로 언뜻언뜻 보이는 길과 빛에 온통 마음이 끌려

잠시 차를 세우고, 카메라를 꺼냈다.

이 산을 빨리 넘어가야 약속에 제때 도착할 수 있다.

그렇더라도 지금 내가 본 산은

다시 볼 수 없는 산의 모습이기에 5분만 잠시 멈추기로 한다.

나중에 후회하지 않기 위해.

기대하지 말고 가야 한다.
기다리지 말고 만나야 한다.
바라지 말고 줘야 한다.

그래야 좋다.
그래야 만날 수 있다.
그래야 이루어진다.

지나고 보면
그 순간 참으면 될 것을 못 참고
짜증이란 짜증은 다 내고도
혼자서 반나절이나 더 머리 아파했다.

이 반성도 백만 번째 하는 것 같다.

이기적인 생각을 하는 사람에게선
절대로 나올 수 없는 생각들이 있다.

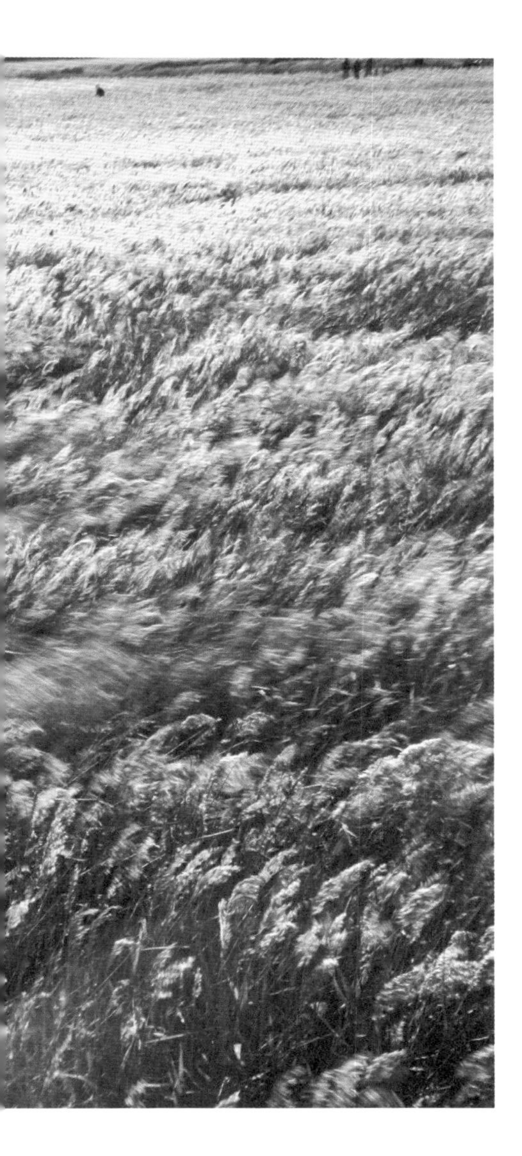

진정한 힘은 보이는 게 아니라
느껴지는 것이다.

보여주기 위한 힘은 언젠가
그 한계를 드러낸다.
진정 거대한 힘을 가진 존재는
불현듯 소리 없이 다가온다.

열광하게 만들어라.
유일하게 만들어라.

보이지 않지만 벗어날 수도 없는 틀에
자꾸 부딪힌다며
상황을 증오하고 시간 낭비할 필요 없다.
그 틀을 이용해
자신만의 매력을 발산하면 그만이다.

이 커다란 나무는 570년 동안을 이렇게 컸지만,

지금도 계속 크는 중이다.

누구나 찬란함을 보고 싶어 하지만
모두가 그것을 다 보지는 못한다.

예전엔 '가로병'에 걸려 있었다.

항상 가로 프레임 사진만 찍었다. 영화 스크린은 가로니까.

하지만 너무 가로로만 보려다 보니

사진이 억지스럽거나 평범해졌다.

내가 필요한 만큼 정해놓고 보거나

다른 사람이 요구한 대로 맞추다 보니

더 좋은 프레임들을 놓치고 있다는 걸 알게 됐다.

그때부턴 가로, 세로, 사선, 비틀린 프레임 등

훨씬 자유롭게 표현할 수 있게 되었다.

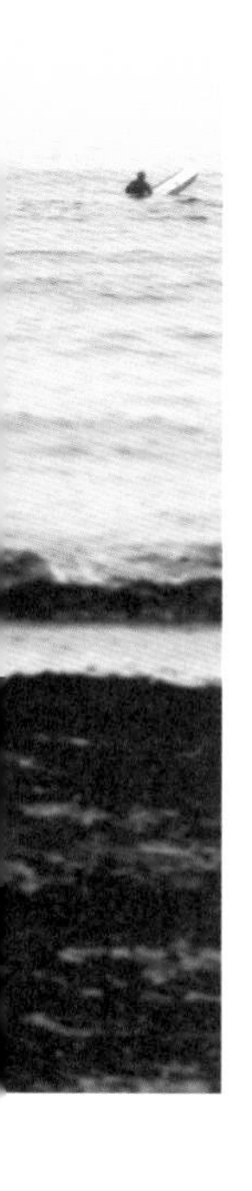

제주의 중문색달해변에 서핑을 즐기는 열댓 명의 무리가 있었다.
멋진 스윔수트를 입고 있었지만 정작 서핑은 하지 않고
바다 한가운데서 보드를 타고 이야기를 나누고 있었다.
해변에 쉬고 있던 서퍼에게 물었다.
"왜 파도를 타지 않고 이야기만 하고 있죠?"
그가 웃으면서 말했다.
"파도를 기다리죠. 항상 좋은 파도가 오는 건 아니거든요.
너무 작은 파도를 타면 중간에 속도가 줄어 바다에 빠져버려요.
더 크고 멋진 파도가 올 때까지 기다리는 겁니다."
꼭 이번 파도가 아니어도 괜찮다는
그들의 말이 마음에 남는다.
지금이 아니어도 다음에 기회는 올 것이고.
다른 사람이 보기엔 아무것도 하지 않는 것 같아 보여도
나는 분명 화려한 파도타기를 위해 에너지를 쌓아두고 있다는 것.
정말 하고 싶다면, 기다리고 또 기다리는 건
멋진 파도를 만나기 위한 준비시간을 버는 셈이 아닐까.

사람을 만나기 전이나
장소를 만나기 전에도
'감정 연습'이 필요하다.

머릿속으로 그렸던 모습과 같다면
혹은 너무 다르다면
무슨 표정을 짓고 무슨 말을 할지
수만 번 머릿속으로 그 상황을 그려보게 된다.

생소한 풍경들이 갑자기 이상하리만치 편안하게 느껴질 때가 있다.
처음 본 거리, 일생에 다시는 마주칠 일 없는 자전거 아저씨,
내 옆을 무심히 걷는 백발의 할머니, 이방인을 맞이하는 거리의
냄새, 지금의 전깃줄과는 다른 전기 흐르는 소리,
빨리 건너라고 재촉하는 신호등 소리.
분명히 낯선 그 풍경들이 편안해지기 시작했다.
그들을 이해하기 시작한 것 같다.

청사진
복사
도장
정은사
선양행

아무것도 하지 않으면 아무 일도 일어나지 않는다.

생각대로 되기 위해선 생각해야 한다.

좁다란 삼청동 길을 갈 땐
앞만 보지 말고 어깨너머 옆을 봐야 한다.
오래된 축대와 담벼락, 한옥, 그리고 금발머리 외국인의 자전거 타는…
여러 색깔의 풍경이 이상하게 잘 어울린다.
삼청동을 걸을 땐 자신을 외국인이라고 상상해 보자.
골목골목 찾아다니는 일이 더 즐거워진다.

밑에 머물 때도 있고, 위에서 내려다볼 때도 있다.
중요한 건 어디에 있느냐가 아니라
당신의 잃어버린 색깔이 아닐까.

KPP

촬영 때문에 봉화와 울진의 산골마을들을 찾아다니다 우연히
어느 작은 마을에 들렀다. 조금은 쌀쌀한 초겨울 추위에 벌써부터
마을은 겨울 준비가 한창이었던 것으로 기억된다.

마당에서는 할아버지께서 노익장을 과시하며
아무 말 없이 장작을 패고 계셨고
뜨끈한 온돌의 열기가 남아 있는 방에서는
할머니 두 분이 문을 활짝 열고 밖을 보고 계셨다.
두 할머니 중 어느 분의 남편이 할아버지인지 여쭤보진 않았다.
두 할머니도 서로 얘기하지 않았다.
한 분은 눈을 감은 채 계셨고,
다른 한 분은 할아버지만 보고 계셨다.
그렇게 한참을 아무 말 없이.
서로 보지 않아도, 굳이 말하지 않아도
온돌방만큼이나 충분히 따뜻한 게 신기하다.

아차리어!

히브리어로 '나를 따르라!' 라는 뜻이다.

이스라엘의 전차 지휘관들은 '공격 앞으로'라는 명령을 내리지 않고

'나를 따르라'며 앞서서 부대를 지휘한다고 한다.

다른 사람들을 내 생각대로 이끌고 싶다면

먼저 내 생각에 대한 자신과 과감한 용기가 필요하다.

일상이 영화의 한 장면처럼 보이는 때가 있다.
순간 빛과 움직임이 느려지고,
주변의 소음과 사람들의 말소리도 굵게 늘어져 들린다.
지나며 우릴 보는 사람들의 시선도 느릿느릿 지나쳐 간다.

완전히 새로운 것을 찾아다니며 보는 것도
기분 전환이 되겠지만, 내 주변을 온전히 바라보는 것도 중요하다.
내가 생활하는 이곳을 다시 보는 만큼 일상이 달라질 테니까.
다큐멘터리를 촬영하러 온 영국 촬영팀의 모습이 눈앞에
들어왔다. 장기간 이어진 해외 촬영으로 행색이 남루했지만,
그들의 모습이 실루엣으로 변하자
수줍은 미소의 촬영 조수는 유럽의 조각상이 되었다.

답답한 마음을

개운하게

풀고 싶을 때

가슴이 탁 트이는 :곳

날씨가 추워지면
지겹게 무더웠던 지난 여름날이 떠오르고,
나이가 들어가면
어설펐지만 열정적이었던 지난날들을 떠올린다.

그리워할 순 있으나 돌아갈 순 없고,

돌아간다고 한들 그 순간이 즐거울까?

잠시 다른 세상에 와 있는 듯했다.
세상에 아무 소리도 존재하지 않는 것 같은 고요함이
수면 위에 내려앉았다.
지금껏 알던 물의 느낌이 아니었다. 뭐랄까.
부드러운 쿠션을 가진 거대한 물침대 같았다.
그 위에 누우면 떠 있는지 잠기는지 모를 기묘한 기분에 휩싸일 것 같다.
물귀신이 부르면 저도 모르게
스르르 들어간다는 말이 그래서 있나 보다.
가끔은 이렇게 아무것도 느끼거나 생각하고 싶지 않을 때가 있다.
아무런 생각도 들지 않고, 내 자신조차 잊는 순간이다.
시간 때문에, 체력 때문에, 능력이 모자라서, 다른 사람이 나쁘게 볼까 봐,
망신당할까 봐… 그러해야 함에 따라 구체적인 답을 끊임없이 요구받고
그에 따른 수많은 선택지 앞에서 쉼 없이 머리를 굴려
어느 누구에게도 싫은 소리 듣지 않을 답을 내놓아야 했다.

가만히 사고의 진공상태에 있어도 좋다.
감동적인 자연 앞에 넋을 내려놓기도 하고, 따뜻한 일로 소중한 인연을
만나고, 때론 정신 나간 선행을 베풀어보기도 하고…
세상에는 '그러해야 함'보다도 생각보다 더 많은
'그렇지 않아도 됨'이 있다.

아침이 밝아 오는지, 해가 지고 있는지
비가 오는지, 바람이 부는지
전혀 모르고 하루를 보낼 때가 많다.

때론 중심에서 벗어나
멀리서 봐야 정확하게 볼 수 있다.

하지만
중심에서 밀려났다는 조바심이 먼저 생겨
제대로 봐야 할 것을 놓치기도 한다.

서울에서 로케이션매니저로 살아가는 일은
강원도가 고향인 나에게 항상 흥미로운 순간의 연속이다.
때론 내 기억보다 더 빠르게 새 길과 새 건물이 생겨나고 사라진다.
사람이나 사물은 보는 방향에 따라 그 느낌이 사뭇 다르고,
같은 장소라고 해도 날씨에 따라,
시간의 흐름에 따라 매번 다른 모습을 갖는다.
그래서 내가 보고 기억했던 장소가 너무나 다른 모습으로 변해
내 기억마저 흐릿해지는 경우도 있다.

"봄이 되면 빨간 지붕집 앞에서 만나."
그때 당시의 감성을 그대로 간직해 그곳에만 가도
다시 그날의 마음을 만날 수 있다면 좋겠다.

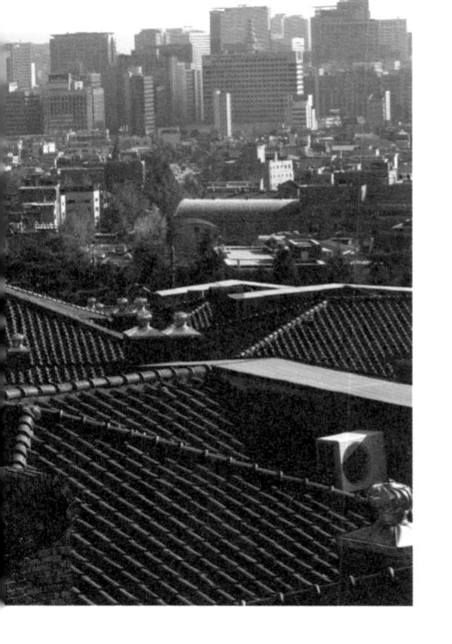

땅에 떨어지기 직전일까
땅에서 뛰어오른 직후일까

관점을 달리 본다는 것 자체가 좋은 시도다.

155

꼭대기에 올라야 보이는 것들이 있지만,

안타깝게도 한 번도 꼭대기 위에 오르지 못하는 이들도 있다.

벼랑 끝에 서봐야 느껴지는 것들이 있지만,

안타깝게도 한 번도 벼랑 끝에 서보지 않는 사람들도 있다.

태양이 지구 건너편으로 사라지기 전 사람들은 열광한다.
아주 짧은 시간이지만
풍성한 능력을 가진 태양이 마지막에 내는 빛은
밝음과 어두움을 모두 아우르며
가장 아름다운 색을 연출한다.

사랑스러운 눈길은 석양을 빛나게 하고,

사랑스러운 눈길은 미소를 짓게 하고,

사랑스러운 눈길은 손을 따스하게 하고,

그리고

사랑스러운 눈길은 말을 잃게 한다.

Gallery cafe
Coffee
식사류

산방산에서 송악산을 잇는 길은 많은 제주의 해안도로 중
내가 가장 좋아하는 길이다. 언제 다시 오고 또다시 봐도
외국의 어떤 해안길이라고 느낄 만큼 나에게 영감을 주는
곳이다. 공항에서 차를 빌리면 먼저 가는 곳도 이곳이다.

그날도 난 버릇처럼 차를 달려 산방산이 보이는
해안도로에 자리 잡은 해장국집에서 제주를 시작했다.
커다란 통유리 너머로 형제섬이 훤히 내려다보인다.
해장국집은 몬드리안 작품을 입고 있다.
겉은 몬드리안인데 속은 해장국집이라니 참 아이러니 하다.
알고 보니 해장국집 사장님은 제주에 내려온 지 2년 된,
국자를 붓 삼고 붓을 국자 삼아 제주를 담아내는 화가라고.
국밥 한 그릇에 제주를 잔뜩 담아 진국이다.

서울역에서 사진을 촬영하는 중이었다.
오가는 기차들을 한참 보고 있자니 갑자기 '기냥 확~' 타고
부산엘 가고 싶다는 강한 충동을 느꼈다.
멍하니 KTX에 오르는 사람들만 하염없이 바라보다
열차 문을 닫는다는 안내방송에 다시 시속 100km 현실로 돌아왔다.
매우 많은 '서울 도시 사람'들은 저 먼 나라까지는 아니더라도
부산이라도 가고 싶은 충동을 하루에도 몇 번씩 느낄 것이다.
떠나고 싶은 충동이 강하지만
사실 광명역까지 갈 여유도 없는 게 현실이다.

종종 서울역에 가면 지나가는 열차를 보며 대리 만족을 느낀다.
상상만으로 다녀온 부산 여행이지만 아주 잠깐이라도
여행 다녀온 기분이 들어 혼자 설레어 한다.
그렇게 백만 번도 더 다녀온 곳이 부산이다.

나에겐 전부이지만
다른 누구에겐 작은 부분일 수 있다.

난 나를 생각하지만
다른 이에겐 내가 그리 중요하지 않을 수도 있다.

'왜 나를 알아주지 않지?'
보다는
'어떻게 나를 중요한 사람으로 기억하게 할까?'
라는 생각이 먼저 필요하다.

폭풍이 오기 전,
해가 지기 전,
해가 뜨기 전,
상사의 불호령이 떨어지기 전,
프러포즈를 하기 전,
과음으로 토하기 전,

모두 비슷한 감정을 공유하고 있다.
"미치기 직전."

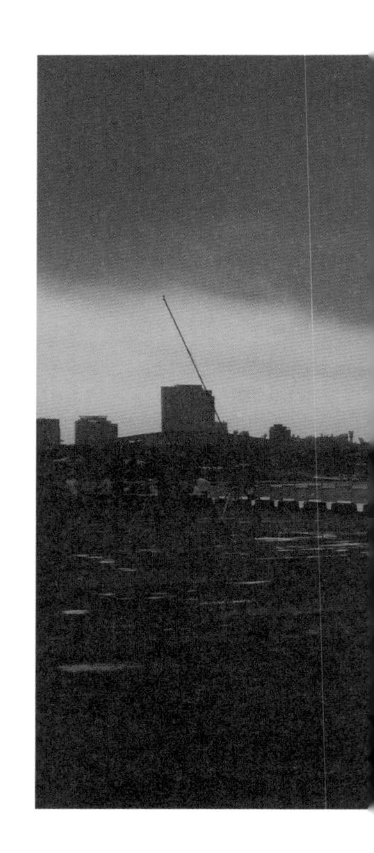

겨울바다는 여름바다보다 원시적인 매력이 있다.
여름철 밀물처럼 몰려온 여행자들로
에너지를 소진한 겨울바다는
혼자만의 시간을 가지며 다음 여름을 준비한다.
사람들의 발자국이 복잡한 모래사장도
깨끗이 씻어 내린다.
마치 신대륙에 첫발을 내딛는 느낌으로
이곳을 거닐 수 있게,
처음 그 모습 그대로의 해변을 만들어 낸다.
바닥이 평평해지고 고와질 때까지 거친 파도를
수천 번, 수만 번을 내친다.
금방이라도 올 손님이라도 있는 듯
온종일 거실과 방을 닦아내는 엄마처럼.

분명 사람도 날 수 있다.

난다는 자신감과 당당함이면 된다.

아침 해를 마주하는 것은 보통 어려운 일이 아니다.
지구의 중력보다 훨씬 더 큰 중력과 싸워 침대에서 몸을 일으켜야 하고,
고시 합격을 가능케 할 만한 정신력으로 부지런히 문 밖을 나서야 한다.
하지만 그 순간을 맞이할 땐
언제나 후회보다는 벅차오름을 많이 느끼게 된다.

이른 아침의 빛은 고도가 낮지만 매우 강하다.

사실 실제로 강하다기보단 어둠을 밀어내기 때문에 그렇게 느껴진다.

숲이 가장 아름답게 보일 때는
빛이 위에서 내리쬐거나 낮은 고도에서 옆으로 비출 때다.
그래야 나무의 그림자는 길게 뻗어나가고
빛의 하이라이트는 반짝 빛날 수 있다.

그리고 또 하나 중요한 요소는 '역광'이다.
빛을 항상 정면이나 측광에 놓고 촬영하면 풀잎의 싱그러운 색감은 빛이
투과되며 더 풍성해지고, 고목의 거대한 나무둥치는
검은 형태만으로도 크기와 나이를 표현하게 해
전체적인 그림에 콘트라스트가 강해진다.

나무를 보지 말고 숲을 봐야 한다고 하지만
난 멋진 숲을 보기 위해 나무부터 먼저 본다.

엄청난 파도가 위협하는 것은
사실이지만,
정작 파도에 휩쓸려
갈매기가 죽었다는
얘기는 들은 적이 없다.

파도 속에서도
날갯짓을 멈추지 않는다면
우린 다시 해변에서
만날 수 있다.

광활한 땅의 힘을 받고 싶을 때 그랜드캐니언을 찾았다.
그곳에 서면 내가 '또 하나의 행성'에 살고 있구나 하는
신비로움이 느껴진다. 이 지구라는 행성에서
난 정말 작은 존재였음을 다시 확인하는 순간이다.
그랜드캐니언 협곡의 길이는 445km,
골짜기의 깊이는 1.6km,
협곡과 협곡의 사이 너비는 29km.
서울에서 부산까지의 거리가 456km임을 감안하면
그 규모가 어떤지 짐작으로라도 느낄 수 있다.

아찔한 그곳엔 신기하게도 안전 펜스가 설치되어 있지
않다. 아주 위험한 곳에는 경고문과 펜스가 있긴 하지만
대부분은 설치되어 있지 않고 거친 자연 그대로의
모습으로 남겨져 있다. 진정 자연의 위대함을 경외하는
인간이라면 가벼운 걸음을 하지 않을 거라는 걸
믿기 때문일 것 같다.

THE
NORTH
FACE
LEICA
Ai
Wei
Wei
아이웨이웨이

로케이션매니저의 가방.

사진, 여행, 이야기, 기록, 통제, 태양,

음악, 책, 카메라, 나침반.

포토 :에필로그

Photo Epilogue

#010

제주 협재해수욕장

협재해수욕장의 진수를 맛보려면 반드시 해질녘 해변에 벤치를 놓고 바다를 봐야 한다. 그 외의 시간은 다른 바다와 크게 다르지 않아 막상 보고 실망할지도 모른다.

#012

전남 강진 다산초당 가는 길

다산 정약용 선생이 17년의 강진 유배생활 중에 10년을 보낸 다산초당. 다산초당으로 가는 길에는 '뿌리의 길'이 쭉 이어진다. 한 걸음 한 걸음 앞으로 나아가면서 조용히 생각에 잠길 수 있는 공간이다.

#014

강원 동해 대진해변

한바탕 비가 쏟아지고 난 뒤 바다에 무지개가 떠올랐다. 바다 마을에서 태어나고 자란 나도 바다 무지개를 보는 건 생소하다. 희귀한 광경을 보려면 우중충한 날에도 움직여야 하나 보다.

#016

제주 서귀포 용머리해안의 앞바다

제주도를 날아다니는 나비의 시선으로 사진을 촬영하기 위해 제주 앞바다로 나갔다. 유독 파도가 심한 날이어서 생각보다 더 다이내믹한 사진을 얻을 수 있었지만 속이 뒤집힐 정도로 고생한 작업이었다.

#018

제주 협재해수욕장

하늘이 푸른 날에는 바닷물도 더 푸르고 투명하다. 작은 피사체를 촬영할 때는 피사체를 높은 곳에 올려 두고 하늘의 공제선이나 바다의 수평선에 걸쳐 찍으면 생동감 있어 보이는 효과를 얻을 수 있다.

#020

강원 정선 가수리 가수분교 앞

정적인 시골 마을 같지만 분교 앞 계곡물은 매우 힘차게 흐르고 있었다. 맑고 하얀 물줄기를 바라보고만 있어도 정신이 개운해지는 기분이 들어 풍덩 뛰어들고 싶어졌다.

#022

강원 삼척 작은후진해변

바다 사진을 촬영할 때 주변이 자연물로 가득하다면 피사체 하나 정도는 인공적인 사물이 있어도 좋다. 해변에 걸터앉은 배, 모래 위에 놓인 물병…. 해변이 물에 젖은 상태에선 조금 밝은 것도 잘 어울린다.

#024

제주 서귀포 갯깍 주상절리대

중문단지에 있는 숨은 명소다. 현무암으로 만들어진 육각 기둥이 벽을 이루고 있어 자연의 장엄함을 느낄 수 있다. 둘레길을 만들면서 해병대원들의 일손을 빌렸다고 해 일명 '해병대 길'이라고도 한다.

#027

제주 돌문화공원

죽은 이의 시중을 들기 위해 무덤 옆에 세웠다는 동자석. 비가 내리고 바람이 부는 날 축축하게 젖은 동자석은 으스스한 느낌을 준다. 애니메이션 〈센과 치히로의 모험〉에서 마주칠 것 같은 석상은 공원 곳곳에 있다.

#028

강원 평창군 진부면

여러 곳을 다니면서 도로 교통 표지판도 사진으로 종종 남긴다. 도심에서는 쉽게 볼 수 없는 표지판 위주로 수집한다. 시간이 지난 뒤 사진을 찾아보다가 문득 나에게 주는 메시지처럼 보일 때도 있다.

#030

강원 원주 뮤지엄 SAN

세계적인 건축가 안도 다다오가 설계한 전원형 뮤지엄. 특히 워터 가든에는 이색적인 야외 테라스가 있다. 잠시 앉아서 고요한 수면이나 모자이크 같은 벽면을 보며 생각에 잠기기 좋다.

#032

부산 해운대 수영만 안개 낀 앞바다

겨울이 되면 러시아 블라디보스토크로부터 철새처럼 배들이 온다. 바다가 얼기 전 따뜻한 곳에서 배를 보관하기 위해 많은 돈이 들더라도 한국의 부산항으로 옮겨 둥지를 튼다.

#034

강원 강릉 허난설헌 생가 앞 소나무 숲

허난설헌은 15세에 결혼해 두 아이를 전염병으로 잃고, 28세에 세상을 떠나기까지 순탄치 않은 인생을 살다 갔다. 그녀가 어린 시절 맘껏 뛰어놀았을, 집 앞의 소나무 숲.

#036

서울 상암 월드컵공원

직업 탓인지 몰라도 난 길이 항상 좋다. 굽은 길, 뻗은 길, 내리막길, 오르막길…. 그곳에 주인공만 '딱' 세우면 바로 스토리가 전개되기 때문이다.

#038

부산 수영구 광안리

때론 누구나 영화의 주인공같이, 영화의 한 장면을 사는 것같이 그곳을 지나간다. 광안대교가 보이는 바다 주변을 맴돌다가 스쳐지나가듯 그 주인공을 만난 것 같다.

#040

충남 태안 신두리 해안사구

신두리 해안사구는 천연기념물로 지정되어 있는 생태관광지다. 우리나라 유일의 사막도 볼 수 있으며 간조 때엔 넓은 모래사장과 해빈이 펼쳐진다.

#042

전남 순천 낙안읍성민속마을

'끼리끼리'라는 말이 있다. 하나같은 무리를 뜻하는데, 꽃과 장독대는 같은 무리가 아님에도 어찌 이처럼 잘 어울리는지 한참을 보고 서 있었다.

#044

충남 천안의 어느 벌판

아침녘 KTX를 타고 가다 보였던 전경. 시속 278km의 속도로 흘러가는 풍경을 봐서 그런지 꿈을 꾸는 느낌이었다.

#046

제주 서귀포 갯깍 주상절리대

바닷가를 걷다가 멋진 돌을 주워 오려고 했는데, 같이 갔던 외국인 여자 촬영감독이 만류하더니 그냥 그 자리에 두는 것이 더 좋겠다고 한다. 그 자리에 두면 오래도록 볼 수 있고, 모든 이가 볼 수 있을 거라며….

#048

대구 수성구 수성못

대구 시민들의 대표 데이트 장소이자 나들이 장소. 호반 주변으로 수목과 벤치 등 공원이 조성되어 있어 도심 속 호젓한 시간을 보낼 수 있다. 넥타이가 잘 어울리는 오리배는 수성못의 낭만을 더해 준다.

#050

경북 안동 하회마을 풍산 류씨 종갓집

아무도 신경 쓰지 않는 작은 부분이라도 우리는 그 작은 부분에서 사물이나 사람의 진짜 모습을 발견한다. 닳아서 높이가 비딱해진 문지방에서 300년이나 버텨낸 이 종갓집의 세월이, 그간 다녀간 사람들이 느껴진다.

#052

서울 송파구 문정동 모 오피스텔

2015년 입주를 시작한 소형 오피스텔. 같은 것이 계속 반복되는 패턴, 눈으로 비교되는 크기의 물체, 완전히 다른 재질이나 성질을 나타내는 사진들은 재미난 요소다.

#054

전남 강진 하저마을 청보리밭

영화 〈봄날은 간다〉에서 등장했던 청보리밭. 여름에 방문하면 파랗게 물든 청보리밭을 거닐며 아늑한 기분을 느낄 수 있다.

#058

경기 안성 팜랜드

예쁜 울타리가 있는 초지목장. 아마추어 사진가나 여행객들에게 제법 알려졌다. 커다란 나무를 지나면 〈빠담빠담〉이라는 영화의 배경이 된, 외국의 어느 농가에서나 볼 수 있을 것 같은 나무 창고도 만나게 된다.

#060

제주 금능해변

일반적으로 태양을 정면에서 마주 보고 사진 프레임 안에 햇빛을 넣으면 '역광'이라 인물이 나오지 않는다며 피한다. 과감하게 인물을 실루엣으로 처리해보면 의외로 좋은 사진이 나온다.

#062

전남 순천 전통야생차체험관

초가을이 되면 따듯한 빛깔을 입은 산이 좋다. 선암사 가는 길목에 있는 이곳은 저렴한 비용으로 풍족하고 여유로운 마음을 얻을 수 있는 곳이다.

#064

상하이, 중국

거리나 대리석 건물, 창틀의 모양새 등이 한국의 건축물과는 형태와 색감이 다르다. 그리고 거대한 건축물과 대비를 이루는 인간은 문득 너무 왜소하게 느껴진다.

#066

제주 함덕 서우봉해변

함덕 서우봉해변은 썰물 때 산책하기 좋다. 바닷물이 저 멀리 물러가면 하얀 속살이 드러나면서 고운 모래의 촉감을 느낄 수 있다. 해변 오른쪽의 작은 다리는 많은 사람들의 사진 촬영 포인트가 된다.

#068

강원 강릉 선교장

여러 사극의 촬영 장소로 사용된 강릉 선교장. 20세기 한국 전통가옥 Top 10 중 최고로 꼽힌다. 1700년경에 지어져 10대를 거치며 효령대군의 자손들이 잘 지켜온 보물 같은 공간이다. 선교장 뒤 소나무숲 둘레길에서 바라보는 풍경 또한 운치 있다.

#070

서울 성수동의 한 건물 옥상

서울 시내가 한눈에 내려다보이는 곳은 의외로 많다. 굳이 남산타워를 오르지 않아도, 63빌딩 전망대가 아니라도 성수동, 부암동 인근 높은 곳에 오르면 트인 시야가 좋다.

#072

서울 여의도공원 가로등

사진은 빛의 예술이기도 하다. 오후 늦게 서쪽으로 낮게 기울어진 태양광을 이용하면 여의도공원에서 유럽 길거리를 볼 수 있다.

#074

전북 군산 은파호수공원

호수 자체가 풍기는 분위기도 있지만, 건물이나 숲이 호수에 투영되는 순간 호수는 전에 없던 풍성함을 뽐낸다. 날씨와 빛을 잘 이용해 호수에 원하는 사물이 담기면 사진으로 포착한다.

#076

충북 단양 영춘면 한 닭사육장

'요리할 땐 모두 연두 해요~ 연두 해요~' 요리 에센스 광고를 이곳에서 찍었다. 닭들의 일사불란한 행동과 한꺼번에 쏟아져 나오는 개체 수에 깜짝 놀랐던 곳.

#078

강원 정선 동강 가수리 강가길

전국을 많이 돌아다녀 봤지만 이곳만큼 오래도록 마음을 끄는 곳도 드물다. 자동차 촬영을 위해서 갔지만 경치 구경 한번 잘 하고 왔다는 느낌이 드는 곳이다.

#080

부산 해운대 마린시티

해가 막 사라지고 난 직후 아직 하늘에 태양의 흔적이 남아 있을 때의 사진은 훨씬 풍부한 느낌을 준다. 이제 우리의 머릿속에 존재하는 성냥갑 아파트는 잊어야 하나 보다.

#083

서울 반포 한강시민공원

익숙한 것들을 생소하게 배치해보면 또 다른 드라마가 된다. 태양과 인물, 강과 자전거, 그리고 다리가 일직선이 되게, 가로 세로선이 교차하게 촬영한 사진.

#084

전남 강진 하저마을 방파제

태양을 마주하고 촬영하는 사진은 더 깊이가 있다. 풍경을 그냥 찍기보단 그 속에 어떤 이야기가 있을지 상상하면서 앵글을 잡으면 보는 사람도 그 빛을 느낄 수 있다.

#086

서울 남산 N타워

남산 N타워에 오르면 전망대에서 볼 수 있는 프레임이다. 이 방향으로 쭉 가면 이탈리아 로마가 있다고 알려준다.

#088

서울 강변북로길에서 본 잠수교와 한강

무섭게 폭우가 쏟아지고 난 뒤, 물에 잠긴 한강 산책로. 하늘이 뚫어질 정도로 무섭게 쏟아지던 빗줄기가 그치자 석양녘에 새로운 세상이 열린 듯 화려한 하늘이 시작됐다.

#090

인천 소래습지생태공원

흔하든, 흔하지 않든 우리가 보는 것들은 모두 기록할 가치가 있다. 어떤 커피 광고를 찍을 장소를 찾다가 우연히 촬영했던 곳이다. 이대로도 멋진 장소지만 새것만을 원하는 세상은 이 다리를 철거하고 말았다.

#092

애리조나, 미국

이 길을 따라 6시간을 달리면 그랜드 캐니언이다. 해가 가장 높이 뜨는 정오에는 모든 것이 쨍쨍 밝게 빛나 오히려 자동차 촬영에 적합하지 않다.

#094

경기 파주출판단지 지혜의 숲

엄청나게 많은 책들이 알록달록 놓인 공간이 너무나 멋진 곳. 이른 오전 일찌감치 주차장에 차를 세우고 읽고 싶은 책들을 골라가며 늦은 밤까지 있어도 단 '10원'도 들지 않는 곳.

#096

전북 익산 왕궁리유적지

고대 백제의 왕궁 유적과 사찰 유적이 남아 있는 유네스코 세계문화유산 유적지다. 왕궁리 오층석탑을 중심으로 한창 유적 발굴과 공원 조성 중이다. 해질녘 조용히 벤치에 앉아 사색하기 좋다.

#099

인천의 한 물류창고 옥상

광고 촬영을 위해 한 건물의 옥상을 찾았다. 어떤 각도에서, 어떤 빛의 흐름일 때 최고의 한 장면이 나올 수 있을지 이리 뛰고 저리 뛰어 본다. 사람과 배경의 톤이 하나가 됐을 때 '완벽함'을 이뤄낼 수 있다.

#100

서울 중구 덕수궁

귀엽기도 하고 약간 무섭기도 하다. 덕수궁 곳곳에는 문 앞을 지키고 서 있는 해태가 있다. 해태를 다듬던 그 옛날의 석공은 자신의 작품을 보며 사람들이 어떤 느낌을 받기를 원했을까.

#102

강원 강릉 서지골 조진사댁

서지골에는 전통 한옥과 초가집 한 채가 있다. 고즈넉한 분위기의 창녕 조씨 종가로, 전통 한식을 계승하는 한식 음식점 '서지초가뜰'을 초가집에서 운영하고 있다. 이곳의 대표 메뉴는 못밥이다.

#106

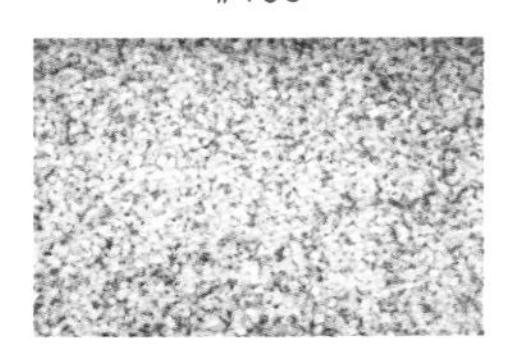

서울 여의도 윤중로 벚꽃길

서울에서 가장 유명한 벚꽃길이 아닐까 싶다. 3월 말부터 4월 초까지 벚꽃이 만개하는 때 거닐어도 좋지만 살짝 지나 꽃비가 내리고 꽃잎으로 길이 덮인 곳을 걷는 것도 분위기 있다.

#108

제주 함덕 서우봉해변 언덕

에메랄드 빛 제주 바다 옆으로 봉긋한 서우봉과 야자수도 있어 이국적인 정취가 있는 해변이다. 셀프웨딩 장소로도 좋은 장소. 서우봉 둘레길에선 탁 트인 바다 풍경을 볼 수 있다.

#110

제주 서귀포 제주유리박물관

정원과 실내에 유리공예품들이 전시되어 있어 햇살이 강한 날엔 더욱 화려한 산책을 할 수 있다. 특히 밤이 되면 심심한 섬에서 밤 9시까지 문을 여는 고마운 곳이다. 밤에는 공예품에 조명이 들어와 색다른 멋이 있다.

#112

경북 상주 지천동 솔밭 구절초공원

가을이 되면 구절초 꽃이 예쁘게 만발한다. 구절초 군락지를 눈앞에 두고 셔터를 누르지 않을 수 없었다. 예전엔 꽃 사진을 절대 찍지 않았다. 왠지 나이 먹은 것 같아서. 나도 나이를 먹었는지 요즘은 꽃이 그렇게 예쁠 수 없다.

#114

강원 춘천 의암호

의암호는 어느 계절이나 아름답다. 계절마다 때에 맞는 색을 제대로 보여준다. 멀리서 천천히 흘러가는 물줄기를 보며 시간을 보내도 좋고, 스카이워크 위를 걷고, 카약을 타도 좋다.

#116

강원 춘천 의암호

해가 질 무렵, 서쪽으로 지는 해를 마주 보며 천천히 노를 저어 강 한가운데로 가면 잔잔한 호수가 주는 평온함에 휩싸인다. 그때의 벅찬 감정은 말로 다 표현할 수 없다.

#118

서울 종로 북촌
윤보선 대통령 가옥의 담벼락

1870년대에 지어진, 서울에서 가장 오래된 사대부의 가옥이다. 구한말부터 근현대사의 굴곡과 영광의 중심에 있었던 집이다. 4대가 이어 집터를 지켜오고 있다.

#120

서울 인사동

인사동 길을 걷다가 쇼윈도에 비친 나를 바라보는데, 묘하게 가면과 얼굴이 겹쳐 보인다. 가면이라는 건 참 묘한 힘을 가졌다. 도저히 본심을 알 수 없다. 그래서 더 용기가 날 때도 있다.

#123

인천 송도유원지 대관람차

1963년에서 2011년까지 열심히 돌았을 이 대관람차는 지금은 운행하지 않고 있다. 바라보고 있는 것만으로도 저곳을 맴돌았을 많은 이야기가 떠오른다.

#124

강원 양양 하조대

이곳의 바다를 느끼려면 아침 9시가 되기 전에 가야 한다. 아무도 다녀가지 않은 깨끗한 모래사장을 밟으며 반짝이는 파도를 볼 수 있다. 완수와 민경이의 사랑이 부디 내일 아침 파도와 함께 사라지질 않길 바란다.

#126

서울 잠실 선착장

서울에서 분위기 있는 곳이라면 한강을 빼놓을 수 없다. 해질녘 한강지구는 분위기가 한창 무르익는다. 촬영지로 많이 쓰이는 곳은 여의도 한강공원, 반포지구, 뚝섬지구, 잠실지구다.

#128

충남 태안 신두리 해안

사막 분위기의 촬영지를 찾아다니다가 들르게 된 곳이다. 우리나라 최대 사구해안이며, 바다 옆으로 모래 언덕이 사막처럼 펼쳐진다. 해변의 모래가 바다로 유실되는 것을 막기 위해 나무 기둥을 설치해두었다.

#131

부산 동백섬

사람의 실루엣도 카메라를 바라볼 때와 등지고 있을 때의 느낌은 분명 다르다. 실루엣의 뒷모습은 대상을 동경하고 관조하는 느낌이지만, 앞모습은 그 대상을 완전히 외면하거나 또는 완전히 소유한 느낌이다.

#132

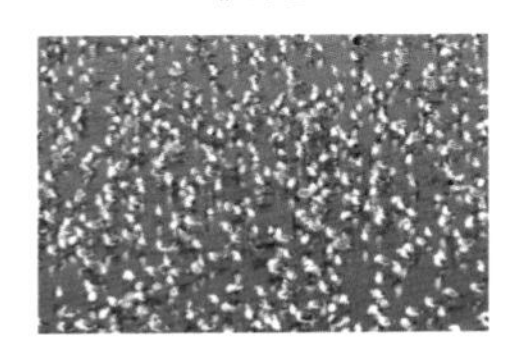

강원 양양 남대천

마음이 복잡할 때는 겨울 철새를 보러 남대천에 나가본다. 보고만 있어도 복잡한 것이 좀 잊힌다. "야 이 새가슴들아!"라고 외치면 적어도 한 마리는 돌아볼 줄 알았는데, 반응조차 없다.

#134

서울 삼성 코엑스 부근

솜뭉치처럼 몽실몽실 퍼진 불빛은 평소 우리 눈엔 보이지 않는다. 안경을 벗거나 눈에 눈물이 맺히거나 혹은 카메라의 렌즈를 통해서만 볼 수 있다.

#136

인천 송도신도시 솔찬공원

서울에서 가까운 곳에서 탁 트인 바다가 보고 싶다면 새우깡 한 봉지를 들고 갈매기 친구들을 찾아가 보자. 바다 반대편으로는 잔디공원도 있다.

#138

전북 익산 보석박물관

피라미드동에 가면 거대한 다이아몬드 같은 유리 천장을 올려다보게 된다. 하늘로 향하는 길과 사다리처럼 보이기도 하고, 화려한 보석 전시물을 여러 겹 둘러싼 것처럼 보이기도 한다. 밤이 되면 반짝반짝 빛이 난다.

#140

강원 강릉 옥계면 산계리 아버지 친구의 집

지금 내 아들 또래였을 70년 전 나의 아버지가 뛰어놀던 그림을 상상하며 차창을 내다보면 새삼 달리 보인다. 그때부터 그 장소는 나에게 많은 이야기를 들려준다.

#143

경기 일산의 한 주택

사람의 정이 이런 건가 보다. 많은 말이 없어도, 화려하지 않아도 감동적인 것. 밤샘 촬영으로 힘들어하는 제작진들을 위해 주인 아주머니가 주신 달걀 6개.

#144

상하이 난징로, 중국

모든 장면에는 저마다의 이야기가 담겨 있다.

#147

경북 상주 지천동 솔밭 구절초공원

꽃은 그 자체만으로도 이야기를 만들 수 있지만, 손바닥에 올리거나, 예쁜 가방 위에 올리거나, 물에 띄우면 더 풍성한 이야기를 담은 예쁜 사진이 될 수 있다.

#148

강원 평창 대관령목장

우리나라에도 이런 초원이 있나 싶을 정도로 푸르름이 한눈 가득 담기는 곳이다. 여의도의 7배에 달하는 동양 최대의 초지에서 심호흡 한번 크게 내쉬면 마음속 먼지도 빠져나가는 기분이 든다.

#150

서울 올림픽공원 수변무대

중국 같았다. 서울 도심에서 이런 광경을 볼 줄이야. 중국에서 이렇게 작은 공원에 모여 댄스를 추는 사람들을 많이 볼 수 있었다. 상황을 재현하면 시간과 공간을 그대로 느껴지게 되는 것이 신기하다.

#153

강원 영월 청옥산 600마지기

정형화된 기념사진보다 꾸밈없는 다큐멘터리 사진이 훨씬 감동적이다. 사람 이야기가 온전히 담기기 때문이다. 차를 타고 올라갈 수 있는 600마지기에서는 바람과 자연을 배경으로 자연스러운 다큐멘터리 한 컷도 가능하다.

#154

전북 임실 치즈테마파크

치즈가 유명한 임실에 만들어진 테마파크엔 가족들과 함께 가면 좋다. 10월에는 치즈 축제가 열려 북적이지만 평소에는 한적해 산책 삼아 돌아다니기에도 좋고 임실치즈로 만든 피자를 맛볼 수도 있다.

#158

강원 정선 가수리

촬영지로 많이 사용되는 가수리 분교 앞으로 시원한 강물이 흐른다. 그날도 고된 일정으로 지쳤을 때, 어린아이들의 웃음이 담긴 가수리 분교만큼이나 어른들의 걱정 따윈 시원하게 비웃어줄 수 있는 '엄청난 물놀이'에 매료된 곳.

#160

애리조나, 미국

그랜드캐니언을 가는 길이다. 장시간을 쭉쭉 뻗은 길을 달려야 해서 지루할 법도 하지만, 길에서 뭉게구름도 지나가고, 사막 벌판도 지나가고, 트럭도 지나가고….
여러 장면을 구경하는 즐거움도 있다.

#162

서울 청계천

흐르는 물은 셔터스피드를 느리게 해 촬영하면 물줄기의 느낌을 더 잘 살릴 수 있다.

#164

서울 작가의 집

창밖으로 비가 내리는 흐린 날이었다. 우중충한 사진보단 밝은 모습이었으면 했다. 화사하고 기분 좋은 장면을 담을지, 우울하고 외로운 느낌을 살릴지는 셔터를 누르기 전에 결정하면 된다.

#166

제주 함덕 서우봉해변

항상 있는 것이지만 보이지 않던 것이 썰물이 되면 그 모습을 드러낸다. 물이 빠지는 때에만 이곳에서 볼 수 있는 '썰물 나이테'다. 한 겹 한 겹 자연이 만들어내는 시간의 흔적을 눈으로 볼 수 있다.

#168

충남 천안 병천체육관

3 · 1운동이 시작했던 병천 아우네장터에서 만세운동이 한참일 때 이곳은 면사무소였다. 유관순 열사가 체포될 때도 이곳은 면사무소였다.

#170

경기도 양평 강가 힐하우스

유럽풍 건물과 잘 가꿔진 정원이 있는
드라마 〈상속자들〉 김탄의 집.
강가를 보며 커피 마시기 좋은 카페와
정원이 있어 소문 난 곳이다.

#172

서울 난지한강공원

위에서 내려다본 광경은 항상 더 신기하고
재미있다. 난지한강공원은 산책길이 다른
곳보다 더 널찍해 한강을 보며 걷기 좋다.

#174

**태백 만항재 정상에서
태백 쪽으로 내려가는 길**

아침 태양의 움직임을 만나게 되면 반드시
차를 세우고 '5분' 정도 할애해보면 좋겠다.
우리의 인생에 다시는 만나지 못할 단 한 번의
'그 새벽'일지도 모른다.

#176

충남 태안 신두리 해안사구

우리나라 유일의 사구 지형인 신두리
해안사구에는 생태숲과 생태탐방로도 잘
가꿔져 있어 이국적인 정취가 느껴진다. 전혀
영양가 없을 것 같은 해안 사막 모래에 풀들이
뿌리를 내리고 벌판을 가득 채우고 있다.

#178

인천 소래습지생태공원

이곳의 사진 명소는 바로 이 풍차와
갈대밭이다. 나무 데크를 따라가면 풍차에
다다른다. 이 풍경은 그날의 기분에 따라
여유로워 보이기도, 쓸쓸해 보이기도 한다.
갈대가 없을 땐 황량한 습지다.

#181

서울 양화진 외국인 선교사 묘역

계단이 힘들까 봐 계단 옆에 경사로를 따로
두고, 방향을 꺾어 약간이라도 가파르지
않도록 했다. 다리에 힘이 없는 노인이나
아이들에 대한 배려가 느껴진다.

#182

경기 파주 벽초지 수목원

드라마 〈별에서 온 그대〉, 〈주군의 태양〉, 〈용팔이〉, 〈그녀는 예뻤다〉, 〈꽃보다 남자〉, 〈로맨스가 필요해〉 등 많은 작품들이 촬영된 곳이다. 규모는 크지 않지만 말 그대로 정말 드라마틱한 곳이다.

#184

전남 순천만 대대리 갈대밭

바람을 카메라에 담는 것은 의외로 어렵다. 사물을 빨리 기록하기 위해 셔터 속도가 더 빨라져야 하기 때문이다. 빛의 양을 최대한 줄여주는 'ND' 필터를 사용해 셔터스피드를 더욱 줄여줘야 한다.

#187

제주 서귀포 아쿠아플라넷

섭지코지 옆에 있는 아쿠아리움. 나이가 많든 적든 모두 아이 감성으로 돌아가는 곳은 동물원이나 수족관이지 않을까. 인기 만점인 상어, 돌고래는 물론이고, 작은 물고기까지 시선을 뗄 수 없다.

#188

강원 정선 동강 가수리 분교 앞 느티나무

마을의 수호신인 570년 된 나무. 터가 좋고 형태가 좋다. 사람들이 나무에게 아무것도 주지 않지만, 나무는 항상 아이들과 동네사람들, 여행자들에게 그늘과 휴식을 제공한다.

#190

제주 서귀포 카멜리아힐 동백 언덕

소녀시대 윤아의 화장품 광고가 진행된 곳. 동백꽃은 3월 하순부터 4월 초~중순이 절정인데 4월 말이 촬영이어서 꽃 정원을 세팅하는 데만 거의 반나절이 걸렸다.

#193

경남 합천 황매산

황매산은 철쭉 여행지로 유명하다. 사실 황매산은 아름답지 않은 때가 없다. 여름엔 녹음이, 가을엔 억새밭이 펼쳐져 계속 찾고 싶은 곳이다. 풍광이 좋아 여러 영화의 촬영지로도 자주 등장한다.

#194

제주 서귀포 중문색달해변

파도를 기다리며 바다로 나가는 서퍼들.
가만히 그들을 보면 서핑을 하는
시간보다 기다리는 시간이 더 많아
보였지만 즐거워 보였다.

#196

제주 용눈이오름

차에서 내리는 그 순간부터 태양의 위치를
확인하고 내가 걸어가는 방향에 따라 빛이
어디에 위치하는지 버릇처럼 체크한다.

#198

수원 KBS드라마센터

중국의 어느 패션 브랜드 촬영을 한 곳.
이 길에서 자전거를 타는 장면을 촬영했다.
1970년대 명동 거리가 고스란히 재현되어
있어 요즘 거리에서는 느낄 수 없는
분위기가 있다.

#200

전북 군산 새만금방조제

새만금방조제에는 바다를 끼고 달릴 수 있는
드라이브 코스가 있다. 바다 사이를 건너는
듯한 도로를 달리다 보면 사진을 찍고 싶은
순간이 온다. 그럴 땐 주저하지 않고 도로
중간에 있는 주차장으로 가 사진기를 꺼낸다.

#202

서울 삼청동 거리

삼청동에는 사람이 참 많다. 거리에도
카페에도 사람들로 가득하다. 그럴 땐 삼청동
메인 거리 안쪽으로 작은 골목들을 거닐면
더 좋다. 돌아가는 길이지만 더 고즈넉한
분위기의 집들과 카페가 많다.

#204

전북 군산 내항

일제 강점기에는 이 항구를 통해
우리나라에서 생산된 쌀을 일본으로
'약탈'해 갔다고 한다. 항구의 부산함보다는
회색빛의 차분함이 더 맞는 곳이다.
썰물에 가면 갯벌에 잡혀 정박해 있는
배들을 볼 수 있다.

#206

경북 울진 어떤 산골 마을

여느 산골 마을처럼 평화로운 곳.
두말할 필요 없이 서로가 서로를
잘 아는 사람들이 모여 있는 마을이라
더 고요할지도 모르겠다.

#209

전북 김제 한 벌판

들판 위를 유유히 이동하는 철새 떼를 한
번쯤은 봤을 것이다. 누가 대장인지, 몇
마리인지 괜스레 세어보기도 하고, 어쩜 한
마리 이탈하지 않고 열맞춰 가는지 감탄하며
한참 바라보게 된다.

#210

서울 동대문 디자인플라자

이 영국 촬영팀은 중동의 모 가스회사의
홍보물 촬영차 한국에 왔고, 영국을 떠나온
지는 3주 정도 됐다고 했다. 오랜 여행 탓에
행색이 조금 남루해 보여도 그 태도만큼은
당당하고 여유로웠다.

#212

전남 담양 창평 슬로시티 삼지내마을

슬로시티에 가면 말 그대로 모든 것이 천천히
흘러가는 느낌이다. 무조건 차에서 내려
걷는다. 3.6km의 돌담길을 거닐면서 옛
고택들도 보고, 담벼락 사이에 난 꽃들도
발견하며 여유 부릴 수 있는 곳이다.

#216

충남 태안 원북면 벌판
나는 지평선 보는 것이 좋다. 끝없이 펼쳐진 땅을 보는 것은 산꼭대기에서 산 능선들을 보는 것과는 사뭇 다른 느낌이다. 마음이 편하게 내려 앉혀진 느낌이랄까….

#218

제주 금릉해변
태양이 바다로 내려앉는 방향이라 해질녘에 물빛은 상상 그 이상이다. 썰물 때를 잘 맞춰 간다면 이 경이로운 붉은 물결 한가운데에서 사고의 진공상태를 경험할 수 있다.

#220

강원 영월 주천강
영화 촬영지로 많이 사용되는 주천강 길은 횡성과 영월을 잇는 환상적인 드라이브 코스 중 하나다. 차를 몰고 강을 따라 달리다 보면 멋진 강변 풍경에 몇 번이고 차를 멈추게 되며 한반도지형도 볼 수 있다.

#222

강원 정선 동강할미꽃 서식지 앞
우리나라에서만 핀다는 동강할미꽃. 보라색의 앙증맞은 꽃이다. 봄에 피는 야생화라 언제나 볼 수 있는 꽃은 아니다. 동강할미꽃을 보고 싶어 귤암리를 찾았다가 그 서식지 앞으로 펼쳐지는 풍경에 감탄하게 되는 곳이다.

#224

서울 종로 청운동 언덕
청와대에서 부암동으로 넘어가는 길을 따라가다 보면 옆으로 펼쳐지는 서울 전경이다. 주택가와 빌딩숲이 대조적으로 보이는 풍경 가운데를 서울의 상징인 남산 N타워가 자리 잡고 있다.

#227

인천 송도신도시 한 건물의 옥상
배우 김우빈이 스포츠음료 광고를 촬영한 곳이다. 갯벌 위에 도시를 만들고 그곳에 27층 건물을 세웠다는 게 신기할 따름이다.

#228

전남 진도 여귀산

사람이 많이 찾는 곳은 아니어서 코스가 간단하진 않고, 길이 조금 험한 편이다. 하지만 이곳을 올랐을 때는 엄청난 풍경이 펼쳐진다. 특이 이곳에선 산 정상의 모양이 ㄷ자여서 절벽에 선 인물을 아주 가까이서 촬영할 수 있다.

#230

제주 신창리 해안

신창리 해안의 명물은 풍차다. 바다와 맞닿은 해안도로를 타고 가다 보면 풍차가 보인다. 잠시 차에 내려 따뜻한 커피 한잔과 함께 석양을 마주 보면 제대로 분위기를 낼 수 있다.

#233

제주 외돌개 해안절벽

하얀 곰 인형 '꼬곰'은 출장에 종종 동행했고, 사진의 모델이 되어주기도 했다. 얼마 전 지방 출장을 갔다가 꼬곰을 잃어버렸다. 호텔 방 이불 속이나 베개 밑에 두고 온 것 같다. 대체할 수 있을지 모르지만 새로운 친구를 찾아야 할 것 같다.

#234

제주 산방산 마라도 유람선 선착장 앞 킴스해장국

해장국집이라고 하기엔 너무 멋진 건물이다. 바다를 보며 먹는 해장국의 맛이 일품이다.

#237

부산 해운대 마린시티 영화의 거리

영화의 도시답게 광안대교가 보이는 해안가에 영화의 거리를 조성했다. 밤에는 조명이 은은하게 들어와 연인과 함께 사진을 찍으며 나름의 영화를 만들어가는 곳이다.

#238

강원 동해 대진해변

해가 지기 전 하늘은 어두운 구름과 밝은 구름으로 층이 나뉘어 보인다. 빛의 미묘한 갈라짐을 파악하면 극명한 대조를 통해 멋진 장면을 연출할 수 있다. 검푸른 바다와 어두운 하늘 사이의 하얀 구름층 덕분에 빨간 등대가 더 매력적으로 느껴진다.

#240

서울 잠실 한강둔치

배우 조인성 씨만 나오면 불이 켜질 것이다.
모두가 그를 기다리고 있다.

#242

강원 양양 하조대

아침 9시가 되기 전에 이곳에서 바다를
느껴야 한다. 아무도 다녀가지 않은
깨끗한 모래사장을 밟으며 반짝이는
파도를 볼 수 있다.

#245

서울 남산 N타워

그녀는 〈지리산 둘레길 걷기여행〉의 여행작가
이혜영 씨. 지리산도 '차분히' 날아다녔을
그녀가 남산에서도 날고 있다. 걸으며,
들으며, 느끼며 조용히 오는 아침 안개처럼
글을 쓰는 재주가 뛰어나다.

#246

제주 광치기해변

한국관광공사의 광고 촬영을 위해 '정말 멋진'
장소를 찾아온 곳이다. 단 하나의 인공물도
보이지 않는 자연 그대로의 태곳적 모습을
보는 것 같아 순간 매료됐었다.

#248

제주 사려니숲

사려니숲은 인기가 많아 사람들로 북적인다.
난 사람들이 많이 다니는 곳보다 아무도
없는 숲 속이 더 매력적이다. 숲 속에 빛이
들어올 때 가장 멋진 '보물'을 발견할 수 있기
때문이다.

#250

강원 동해 망상해변

누구도 상상하지 못하는 순간이 있다. 이처럼
큰 파도가 올 줄 몰랐고, 모든 갈매기들이 한
방향으로 날아갈 줄도 몰랐고, 어떤 갈매기도
겹치지 않게 날 것이라고 생각지 못했다.

#252

그랜드캐니언, 미국
공간을 비움으로써 더 넓은 공간을
표현할 수 있다.

그곳

언제 가도 나를 위로해주는

발행일 2015년 12월 15일

글 · 사진 김태영

발행인 노재현
편집장 이정아
책임편집 박근혜
마케팅 김동현 이진규
제작 김훈일

표지 · 본문 디자인 렐리시

발행처 중앙북스(주)
등록 2007년 2월 13일 (제2-4561호)
주소 (135-010) 서울시 강남구 논현동 6-13 제이콘텐트리빌딩
구입 문의 1588-0950
내용 문의 (02)3015-4524
팩스 (02)512-7590
홈페이지 www.joongang.co.kr

ISBN 978-89-278-0703-2 03980